Zipp – und zu!

Zipp – und zu!

50 Erfindungen,
die unser Leben *wirklich* veränderten

Herausgegeben von Franz Metzger

THEISS

In Zusammenarbeit mit der Monatszeitschrift G/Geschichte

Bibliografische Information der Deutschen Nationalbibliothek
Die Deutsche Nationalbibliothek verzeichnet diese Publikation in der Deutschen Nationalbibliografie; detaillierte bibliografische Daten sind im Internet über http://dnb.d-nb.de abrufbar.

Umschlaggestaltung: Stefan Schmid, Stuttgart, unter Verwendung einer Abbildung von KULKAFOTO.

Korrektorat: Andrea Welk, Weißenfels
Layout: Katrin Kleinschrot, Stuttgart
Satz: ew print & medien service gmbh, Würzburg
Druck und Bindung: Druck Partner Rübelmann GmbH, Hemsbach

ISBN 978-3-8062-2165-7

Besuchen Sie uns im Internet: www.theiss.de

Inhalt

Vorwort

Geschichte im Alltag

Liebe Leserin, lieber Leser,

haben wir uns früh am Morgen aus unserem Pyjama geschält und uns mehr oder weniger munter ins Badezimmer begeben, dann greifen wir als Erstes zur Zahnpastatube. Dann kommt der Rasierer an die Reihe, und nach der Dusche darf das Deodorant nicht fehlen. Wir schlüpfen in die Unterwäsche und ziehen – heutzutage auch als Dame ganz selbstverständlich – die Hosen an, die gewöhnlich mit einem Reißverschluss versehen sind. Typisch Mann ist bestenfalls noch der Griff zur Krawatte, während die Dame mit geübter Hand den Lippenstift appliziert und Nylonstrümpfe anlegt.

Je nach Geschmack überbrühen wir uns dann am Frühstückstisch eine Tasse Nescafé oder gießen einen Teebeutel auf, ehe wir uns der Tageszeitung widmen. Schließlich der Blick zum Himmel – drohen womöglich Niederschläge? Da ist dann der Regenschirm gefragt, oder auch der Trenchcoat.

Am Arbeitsplatz gehört der Tesafilm ebenso zur Standardausrüstung wie das Telefon nebst dazugehörigem Telefonbuch. Den kleinen Hunger zwischendurch bekämpfen wir mit Gummibärchen oder mit Schokolade, und vielleicht finden wir in einer Schublade noch einen Nürnberger Lebkuchen vom letzten Weihnachtsfest. Mittags muss heute ein Hamburger ausreichen, denn wir möchten eine Pauschalreise buchen; bezahlt wird sie natürlich mit Plastikgeld, ebenso wie der neue Reisekoffer, den wir dringend brauchen. So träumen wir vom Strandkorb, bis uns der Staubsauger des Reinigungsteams vom Arbeitsplatz vertreibt.

Im Kühlschrank ist die Glühbirne ausgefallen, aber wir erkennen auch so, dass die Vorratsbehälter von Tupperware nichts Appetitanregendes bieten. Also kommt der Dosenöffner zu Ehren, und zur Geschmacksverbesserung dient ein Schuss Maggi Würze. Wir trösten uns über das allzu frugale Mahl mit einer guten Flasche Wein – nur, wo ist der Korkenzieher? Vorm Fernseher gibt's dann noch ein paar Kartoffelchips, bis auch dem Teddybären auf dem Sofa die Augen zufallen …

An jedem Alltag nutzen wir hunderterlei Dinge, an die wir bestenfalls dann Gedanken verschwenden, wenn sie uns ausgegangen sind. Dabei haben sie alle ihre Geschichte, gibt es eine Zeit »vor« und eine Zeit »danach« – vor der Erfindung, Entdeckung, Entwicklung, und danach die wachsende Selbstverständlichkeit. Diese Geschichte und das mehr oder weniger ausgeprägte »Aha-Erlebnis« können sehr weit zurückreichen. Zahnhygiene z. B. – wenn auch noch ohne erfrischend schmeckende Paste – betrieben schon unsere Steinzeitvorfahren, wie wir es bei den sogenannten »Naturvölkern« bis heute beobachten können. Den unangenehmen Körpergeruch suchten bereits die alten Ägypter mit raffinierter Kosmetik zu überdecken.

Andere Erfindungen und Entwicklungen, die uns heute selbstverständlich sind, waren nur unter bestimmten historischen Voraussetzungen denkbar und möglich. Dass auch Frauen »die Hosen anziehen«, das war, zumindest in unserem Kulturkreis, erst mit dem Aufbruch zur Emanzipation möglich, und eine Form der Emanzipation war dann auch die Verdrängung des Nachthemds durch den zweiteiligen Pyjama. Vom Zeitgeist geprägt ist auch die Entwicklung von »Convenience-Produkten«, wenn für lange gebräuchliche Substanzen plötzlich eine bequemere Darreichungsform gefunden wird – löslicher Kaffee etwa, der den Mahlvorgang erübrigt, oder der Teebeutel, der das Herausfischen der Blätter erspart.

Über den kulinarischen Gewinn solcher Erfindungen mag man trefflich streiten – im Gegensatz etwa zu dem genialen Schachzug, der das Getränk Schokolade in genussfreundliche Tafelform brachte. Sie belegen jedenfalls, dass der Einfallsreichtum des Menschen keine Grenzen kennt. Dass man jahrhundertlang etwas »so« gemacht hat, ist eben kein Grund, es nicht auch einmal »anders« zu tun, nach neuen Möglichkeiten und Anwendungsformen zu suchen. Häufig genug spielte dabei »Ingenieur Zufall« mit, und so ist eine Geschichte der Alltagsgegenstände auch eine Geschichte der menschlichen Fantasie.

Und gelegentlich eine Geschichte des Unglücks, wenn nicht gar der Niedertracht. Gerade bei Erfindungen, die den Alltag betreffen – und die daher ein besonders hohes Profitpotenzial besitzen – war es häufig nicht der Entdecker und Entwickler, der die Früchte seiner Arbeit genoss, sondern ein anderer, der die bessere wirtschaftliche Nase besaß – oder schlicht das Kapital, das dem klugen Hirn fehlte. Während eine geniale Erfindung die Lebensqualität großer Bevölkerungskreise deutlich zum Guten veränderte, endete so mancher Schöpfer in Not und Armut.

Zur richtigen Zeit am richtigen Ort zu sein, und das womöglich als Erster, das ist das Geheimnis erfolgreichen Marketings. Auch dafür bietet die Geschichte der Alltagsgegenstände etliche Beispiele, sodass man in einer Anthologie wie der unseren um einen gewissen Anteil von »Schleichwerbung« gar nicht herumkommt. Seit der Erfindung und nachfolgenden Protektion von Markennamen im 19. Jahrhundert haben es bestimmte Marken immer wieder geschafft, zum Synonym ihres Produktes zu werden – sei es durch die schiere Massenpräsenz des Artikels oder auch nur wegen der Griffigkeit des Namens. Papiertaschentücher sind eben nicht nur in der Werbung »Tempos«, sondern auch in der Umgangssprache, der Name »Nivea« wird für jede Art von Handcreme verwendet oder »Maggi« für jede Würzsoße. Ein interessanter Aspekt sind dabei die nationalen Unterschiede: Für die Briten ist »Scotch«, was uns der »Tesafilm« ist, und wenn Sie in einer französischen Apotheke »Hansaplast« verlangen, dann wird Sie der Verkäufer nur ratlos ansehen – jenseits des Rheins hat sich der Markenname »Sapadrap« für den »Selbstklebeverband« durchgesetzt.

Es gibt so kaum ein Gebiet der allgemeinen Historie, das von Produktgeschichte nicht berührt würde. Meist sind es die Wirtschafts- und die Sozialgeschichte, die Erfindungen und Entwicklungen auslösen und dann wieder umgekehrt von diesen geprägt werden. Der Kühlschrank revolutionierte so nicht nur die Vorratshaltung – er schuf eine ganz neue Ess- und Tischkultur. Als Thomas Alva Edison die erste Glühbirne zum Leuchten brachte, da hatte er schon das »Licht für alle« im Sinn – nicht zuletzt, um seine neu entwickelten Elektrizitätswerke auszulasten. Was würde er aber zu heutigen Diskussionen um Energiesparlampen und nächtliche »Lichtverschmutzung« sagen? Wollte er wirklich »die Nacht zum Tage« machen, mit allen Konsequenzen für Gesundheit und Sozialverhalten?

Aber auch das Drama der »großen Geschichte« tragen wir gelegentlich mit uns herum – wer denkt noch daran, dass der »Trench« im gleichnamigen »Coat« der Schützengraben des Ersten Weltkriegs gewesen ist? Oder dass Nylon seine Deutschlandpremiere nicht als glanzvolle Umhüllung weiblicher Beine feierte, sondern als Seidenersatz für die Fallschirme der Luftlandetruppen im Zweiten Weltkrieg? Und nichts hat wohl das Scheitern des kommunistischen Staats- und Wirtschaftskonzepts drastischer beleuchtet, als die »Trabi«-Kolonnen, die sich nach dem 9. November 1989 knatternd auf den Weg in Richtung Westen machten. Mobilität im Marxismus hatten sich Autobauer und Staatslenker anders vorgestellt.

Der Blick in die Vorratskammer oder in den Kleiderschrank, ins Schaufenster oder auf unsere Straßen, er ist auch ein Blick in die Geschichte. Wir erkennen dort die Menschen, die jene Ideen haben, die unser tägliches Leben verändern; wir sehen unsere Vorfahren, wie sie zum ersten Mal das »neumodische Zeug« betrachten und mal mit skeptischer Ablehnung, mal mit Begeisterung reagieren. Und sicher verbinden auch Sie, liebe Leserin, lieber Leser, Ihre eigenen Erinnerungen, Ihre persönliche Geschichte mit so manchem Alltagsgegenstand.

Der Alltag hat seine eigene Geschichte und seine spannenden Geschichten. Mit der vorliegenden Auswahl von Beiträgen aus der Monatszeitschrift »G/Geschichte« möchten wir Sie zu einem unterhaltsamen wie informativen Spaziergang durch die alltägliche Geschichte um uns herum einladen – viel Spaß dabei!

Franz Metzger

Bikini

Chic am Strand

»Liebster, wie gerne möchte ich mit dir hinunter ans Wasser gehen …
Nur für dich trüge ich den neuen Badeanzug aus Memphis,
aus reinem Leinen, geschnitten wie für eine Königin.«

Es sind bezeichnenderweise die Anfangszeilen eines Liebesgedichts, geschrieben um 1200 v. Chr. im alten Ägypten, die einen ersten schriftlichen Nachweis zur Geschichte der Bademode liefern. Diese frühzeitliche Poesie liefert auch die beiden kulturgeschichtlichen Kennzeichen: Es geht um weibliche Bademode und um ihre erotische Wirkung. Für die »Modehäuser« des Nillandes war die Bademode ein sehr lukrativer Aktivposten. Die nächste Kultur, die so etwas wie Badekleidung kannte, war jene Roms. Mosaike aus dem 3./4. Jahrhundert n. Chr. in römischen Villen auf Sizilien weisen darauf hin: Sie zeigen Mädchen beim Hanteltraining und bei Tanz- oder Gymnastikdarbietungen. Die Römerinnen tragen eine *fascia pectoralis*, ein »Busenband«, und eine kurze Dreieckshose, das *subligaculum*; die Kombination hieße heute Bikini. Zum Baden wurde sie wohl nicht benutzt, sondern als Fitnessdress. In den Badestuben des Mittelalters stieg man nackt oder allenfalls bedeckt mit der »Bruch(e)«, einer zusammengebundenen Dreieckshose, in den Zuber. Vom 16. bis zum 18. Jahrhundert galt Baden, zumal in den höheren Ständen, als unschicklich; bei der Körperreinigung war weniger Waschen als Pudern angesagt. In der ersten Hälfte des 19. Jahrhunderts etablierten sich geschlossene, den »Weibern« vorbehaltene Badehäuser. Dennoch gab frau sich dort zugeknöpft und badete in Unterkleidung: einem unter den Knien zusammengeschnürten Beinkleid, einem Miederleibchen (»Kamisol«) oder einem Hemd mit Puffärmeln, und Strümpfen.

Erst in der zweiten Hälfte des 19. Jahrhunderts war wieder gemeinsames, öffentliches Baden angesagt. Und Badekleidung wurde ein Gegenstand der

Mode – unter Wahrung etwaiger Sittlichkeitsgebote, versteht sich. Nur die männliche Bademode sträubte sich jeder modischen Vereinnahmung, nicht zuletzt mangels Form und Figur der (meisten) Träger. Lediglich das preußische Militär, das gern alles regelte, kreierte Ende des 19. Jahrhunderts eine reichlich einfallslose »Badeuniform«: einen gestreiften, einteiligen Trikotbadeanzug. Der Zivilist ging vorerst weiter mit Unterbeinkleid und Leibchen an den Strand oder in die Badeanstalt. Um die Jahrhundertwende griff dann auch er zur einteiligen Trikotfassung. Erst in den 1930er-Jahren wurde das Oberteil der Herren weiter ausgeschnitten, bekam Träger und – höchste Form maskuliner Erotik – wurde mit Löchern versehen. In den USA kannte man schon länger die Badehose mit Gürtel, der später durch eine innen eingezogene Schnur ersetzt wurde. Nach dem Zweiten Weltkrieg kamen Badehosen aus schnell trocknendem, formstabilem Synthetik in Mode, und vor gut zehn Jahren sah man die ersten Badehosen mit hohem Beinausschnitt.

Vom knöchellangen Badekleid zum Bikini

Zurück zur entschieden attraktiveren Damenbadekleidung, obgleich diese bis in die 1920er-Jahre mehr von verhüllenden als offenbarenden Modellen geprägt war: Knöchellange Beinkleider, mit und ohne Matrosenkragen, Badekappen und Halskrausen (zum Schutz des Teints) waren die »Renner«. Dann wurden die Badekleider kürzer, die Hose verschwand, wurde aber durch schwarze Strümpfe ersetzt. Das Oberteil bekam mittels Fischbeinstäben »Figur«. Der nächste »letzte Schrei« war der eng anliegende Einteiler, erstmals getragen von der amerikanischen Schwimmerin Annette Kellermann anno 1900. Vollends durchsetzen sollte er sich erst 20 Jahre später. Etliche Badeanstalten erließen einschränkende »Ausführungsbestimmungen«; so musste vielerorts über dem Einteiler ein Rock getragen werden, der zumindest den Hosenbeinansatz zu verdecken hatte. Aber bunter ging es endlich zu: Am Strand tauchten farbenkräftige, unversteifte Badekleider aus Satin, Kretonne, Taft und anderen feinen Stoffen auf. Seit 1928 wurde der (Männer-)Blick erweitert durch im Rücken, seitlich und unter der Achsel ausgeschnittene Badekleider.

Die wahre Baderevolution erfolgte nach dem Zweiten Weltkrieg und hatte einen ebenso erotischen wie exotischen Namen: »Bikini«, ein Zweiteiler aus Büstenhalter und Schnürhöschen. Bis heute ist der Bikini Inbegriff weiblicher Badebekleidung. Der Erfinder des stofflichen »Nichts« war, wen wundert's, männlich und, auch das keine Überraschung, Franzose. Aber kein Modeguru hatte die Erfolgsidee, sondern der Maschinenbauingenieur Louis Réard (1903–1984). Den Namen für das neue Textil entnahm sein »Entdecker« der Tagespresse: Am 1. Juli 1946 hatten die Amerikaner auf dem winzigen Pazifikatoll Bikini ihre dritte und vierte Atombombe »zu friedlichen Forschungszwecken« gezündet. Réard bezog sich mit dem Namen sowohl auf die Sparsamkeit des Stoffes wie die »Sprengkraft«, die davon ausgehen sollte. Wie recht er hatte: Erst mit dem Tragen eines Bikinis sollte der just entstandene Begriff »Sexbombe« seine volle Wirkung entfalten. Doch aufgrund der damals geltenden Anstandsregeln wollte kein Mannequin das »süße Nichts« präsentieren. So warb Réard eine Tänzerin aus dem »Casino de Paris« an, Micheline Bernardi. Am 5. Juli 1946 stellte sie im Pariser Nobelbad »Molitor« den Zweiteiler vor. Es war ein »Bombenerfolg«: Das Publikum war entzückt, das Bikinifoto ging um die Welt. In kurzer Zeit trafen über 50 000 begeisterte Zuschriften, meist Briefe männlicher Verehrer, in der Seinestadt ein.

Der Erfinder des stofflichen »Nichts« Bikini war, wen wunderts männlich …

Wenig später trugen auch die ersten Filmstars Bikinis, allen voran Brigitte Bardot 1953 am Rande der Filmfestspiele in Cannes. Um 1960 hatte sich der Bikini endgültig durchgesetzt, nicht zuletzt nach »offizieller« Absegnung durch das Modemagazin »Harper's Bazar«. Für kurze Zeit stahl 1970 ein ganz anderer »Einteiler« dem Bikini die Schau: Am Strand von St. Tropez sonnten sich die ersten Damen »oben ohne«. Doch getreu dem Grundsatz, dass eine raffinierte Verhüllung meist erotischer wirkt als pure Nacktheit, kam der Bikini wieder zu Modeehren. Sogar als Geldanlage taugt er, vorausgesetzt er hat die entsprechende »Vergangenheit«: Im Februar 2001 versteigerte das Londoner Auktionshaus »Christie's« für rund 127 500 DM den berühmtesten Bikini der Welt. In jenem elfenbeinfarbenen Badedress verführte Ursula Andress im James-Bond-Film »Dr. No« Sean Connery alias 007.

Harry D. Schurdel

Cornflakes

Das Weltfrühstück

Wer heute Cornflakes isst, denkt wohl kaum noch an sein Seelenheil. Doch am Beginn der gerösteten Maisflocken stand die Idee, den Körper für die Wiederkehr des Messias rein zu halten ...

Es wird viel von der Globalisierung gesprochen, selbst bezüglich der Essgewohnheiten. Vorreiter hierbei sind schon seit Jahrzehnten die Cornflakes. In Millionen Haushalten rund um den Globus stehen auf den Frühstückstischen Schalen mit den in Milch getauchten getrockneten Maisflocken. Selbst die Astronauten der Mondfähre »Apollo 11« stärkten sich vor dem Landemanöver mit diesen »Zerealien« (abgeleitet von Ceres, der römischen Göttin des Ackerbaus).

Die Geschichte der Zerealien begann 1875 in dem kleinen Ort Battle Creek im US-Bundesstaat Michigan, als der frisch promovierte Arzt Dr. John Harvey Kellogg (1852–1943) seine Arbeit im puritanischen »Western Health Reform Institute« aufnahm. Die Stärkung und Heilung des kranken Organismus durch Gymnastik und vegetarische Ernährung sowie der Verzicht auf Alkohol, Kaffee, Tabak und Sex standen im Zentrum der Patientenbehandlung. Dr. Kellogg war ein gläubiger Adventist, der ein enthaltsames Leben als Vorbereitung auf die bevorstehende Wiederkehr des Messias predigte. 1880 wurde sein Bruder, Will Keith Kellogg (1860–1951), Geschäftsführer des Sanatoriums. Auf der Suche nach gesunder Kost für die Patienten entwickelten die Brüder zahlreiche neue Produkte, darunter einen Ersatzkaffee und eine fettarme Erdnussbutter.

1894 führten die beiden Brüder eine Versuchsreihe durch, um einen Ersatz für das harte Brot zu kreieren, das bis dahin im Sanatorium serviert wurde. Eines Abends blieb rein zufällig gekochter Weizen stehen. Am nächsten Morgen hatten die Kelloggs die geniale Idee, diesen Weizen durch

Rollen zu drehen: Schön geformte Flocken (*flakes*) waren das Ergebnis, die nach anschließender Wärmetrocknung knusprig schmeckten. In den Speisesälen des Instituts wurden den Patienten umgehend diese Weizenflocken aufgetischt. Das Produkt kam so gut an, dass Will Keith Kellogg am 16. Februar 1906 mit einer Handvoll Angestellter die »Battle Creek Toastet Corn Flake Company« gründete. Bereits ein Jahr später stellten 300 Mitarbeiter täglich 4000 Schachteln Cornflakes her. Doch die steigende Nachfrage führte das Unternehmen an die Grenzen seiner Kapazität. Diesen Umstand nahm Kellogg zum Anlass für eine legendäre Anzeigenkampagne, in der er auf seine Lieferengpässe aufmerksam machte: »Für dreißig Tage bitte keine Cornflakes mehr essen!« Die Nachfrage stieg nun erst recht; 1909 überstieg die tägliche Produktion die magische Grenze von 100 000 Packungen.

»Für dreißig Tage bitte keine Cornflakes mehr essen!«

Werbeanzeige von Will Keith Kellogg

Maßgeblich für den Erfolg des in atemberaubender Geschwindigkeit wachsenden Unternehmens waren die kreativen Werbekampagnen. Das Unternehmen war so fest davon überzeugt, dass der Name seines Gründers die Produkte verkaufe, dass die Packungen eine Faksimileunterschrift von W. K. Kellogg erhielten – mit durchschlagendem Erfolg.

»Qualität für eine gesündere Welt ...«

1914 nahm die internationale Expansion des Hauses ihren Anfang, als der Zerealienproduzent den kanadischen Markt eroberte. Zehn Jahre später eröffnete Kellogg im australischen Sydney die erste ausländische Produktionsstätte. 1938 ging dann ein englisches Fertigungswerk in Manchester in Betrieb. In den Jahren nach dem Zweiten Weltkrieg folgten Produktionsstätten in Mexiko, Indien und China sowie eine erhebliche Ausweitung der Produktpalette. Heute stellen rund 14 500 Mitarbeiter die Getreideprodukte her, die in mehr als 160 Staaten der Erde verkauft werden. Der Umsatz beträgt jährlich an die zehn Milliarden US-Dollar.

In Deutschland begann das Knuspern mit Kellogg's Ende der 1920er-Jahre. Am 20. Juni 1929 erschien die erste Anzeige für dieses Produkt in der berühmten Familienzeitschrift »Die Gartenlaube«. Hier wurden die Flocken als »Götterspeise mit köstlichem Wohlgeschmack« offeriert. Bis 1961 erfolgte die Abwicklung des Geschäfts durch verschiedene Importeure und Vertriebspartner. 1962 erwarb die »Kellogg Company« Anteile an der »Reis und Handels AG« in Bremen, die nun für die deutsche Distribution zuständig war. 1963 erfolgte dann die Gründung der »Kellogg Deutschland GmbH«.

Heute kennen 97 von 100 Bundesbürgern die Marke »Kellogg's«, und in einem Viertel aller Haushalte steht morgens mindestens eine Kelloggpackung auf dem Frühstückstisch. Täglich verlassen eine Million Haushaltspackungen Bremen.

Heute kennen 97 von 100 Bundesbürgern die Marke »Kellogg's«, und in einem Viertel aller Haushalte steht morgens mindestens eine Kelloggpackung auf dem Frühstückstisch.

Selbstverständlich wird auch in der Hansestadt, nunmehr allerdings mit modernsten technischen Fertigungsverfahren, der Firmenklassiker, die »Kellogg's Corn Flakes«, nach dem Originalrezept gefertigt. Von 140 Tagen Sonnenschein verwöhnt, reift der Mais auf weiten, zumeist US-amerikanischen oder argentinischen Feldern. Die Verarbeitung beginnt mit dem behutsamen Entfernen der Schale und des Keimlings. So aufbereitet heißt das Maiskorn »Grit«. Den Maisgrits werden nun natürliche Geschmacksstoffe wie Salz, Malz und Zucker beigegeben. Die Mischung wird unter Dampfdruck gegart; anschließend wird in einem Trockenvorgang Feuchtigkeit reduziert. Die aufbereiteten Grits laufen sodann durch Walzen – die typischen Flocken entstehen. Unter Heißluft werden diese frisch geröstet, verpackt und schließlich aromaversiegelt. In den bekannten Faltschachteln gelangt das Produkt dann auf den Frühstückstisch. Die Verpackung enthält übrigens ausführliche Nährwertinformationen, ganz im Sinne der Firmenphilosophie von Will Keith Kellogg: »Qualität für eine gesündere Welt ...«

Harry D. Schurdel

Deodorant

Duften statt riechen

Schwitzen tun wir alle – aber doch bitte nicht so, dass es andere merken! Um das zu erreichen, hat die Menschheit seit den Tagen der alten Hochkulturen immer wieder neue Ideen ersonnen, den natürlichen Geruch zu »übertünchen«.

Alarm bei der Feuerwache von Büsum am 9. Februar 2007: Die Jugendherberge brennt! Die Fahrzeuge rasen los, doch am »Brandort« sind keine Flammen zu entdecken; man hört nur das durchdringende Signal des Rauchmelders. Die Einsatzkräfte erreichen die Lärmquelle: die Damentoilette. Dort schlägt den Rettern eine Duftwolke entgegen, die sie fast zu ihren Atemmasken greifen lässt. Des Rätsels Lösung: Eine Mädchengruppe hatte sich vor einem Discoabend derart mit Deospray »eingenebelt«, dass der Rauchmelder des Waschraums »SOS« funkte.

Am Hofe des »Sonnenkönigs« wurde vorzugsweise parfümiert statt gewaschen. Um Körpergerüche zu überdecken, dufteten bald Schuhe, Taschentücher und Perücken.

Den jungen Damen im Nordseebad sei Verständnis entgegengebracht: Die Verwendung von Parfüm zur Überdeckung von Körpergeruch ist so alt wie die Zivilisation selbst. Doch für viele Menschen stellte es bis ins letzte Jahrhundert hinein ein Problem dar, unerwünschte Geruchs- und Schweißbildung zu verhindern. Schließlich empfanden nur wenige eine Vorliebe für libidinösen Wohlgestank wie Napoleon, der seiner geliebten Josephine geschrieben hatte: »Wasch dich nicht, ich komme heim!«

Ägyptische, jüdische und babylonische Priester waren die Ersten, die aus duftstoffhaltigen Blüten und Pflanzenteilen Parfüm herstellten – zu Ehren der Gottheit(en). Die Ägypter waren es auch, die die »Ganzkörperparfümierung« erfanden: Sie trugen auf den Köpfen Salbkegel, eine Crememasse, versetzt mit Oliven- und Sesamöl. In der Sonne löste sich die Masse langsam auf und lief über den ganzen Leib herab. Die antike Körperdusche erreichte auch die enthaarte Achselregion. Schon Nofretetes Zeitgenossinnen hatten herausgefunden, dass die Haare dort zu erhöhtem Schweißgeruch beitragen.

Düfte des Orients und Parfümhandschuhe

Im 13. Jahrhundert brachten die Krieger der Kreuzzüge allerlei Wohlgerüche wie Rosen- oder Narzissenöl aus dem Orient in ihre europäische Heimat mit. Allerdings galt es noch im Spätmittelalter als unschicklich, ja schädlich, die Haut mit Wasser zu waschen, vermutete man doch, dass so Krankheiten wie die Pest durch die Poren in den Körper eindringen könnten.

»Vor die Tugend haben die Götter den Schweiß gesetzt.«

Hesiod, griechischer Dichter, um 700 v. Chr.

Für das »gemeine Volk« waren diese Überlegungen ohnehin nur theoretisch. Wo sollte es die gewaltigen Summen hernehmen, um die exquisiten Essenzen zu erstehen? So war die Parfümfrage eine Frage für »hohe Herrschaften«. Die befassten sich dafür umso intensiver damit, ja kreierten nicht selten eigene Kompositionen. So führte Katharina von Medici im 16. Jahrhundert die Mode der parfümierten Lederhandschuhe an den europäischen Höfen ein.

Eine Folge der enormen Nachfrage nach den teuren östlichen Wohlgerüchen war die Suche nach »einheimischen Produktionsstätten«. Dies führte dazu, dass das südfranzösische Grasse seit dem 17. Jahrhundert zur Parfümmetropole Europas aufstieg. 700 Hektar Riechblumenkulturen entstanden in seiner Umgebung: Jasmin, Rosen, Lavendel, Orangenblüten. So dufteten bald Jacken, Schuhe, Taschentücher und Perücken modebewusster Aristokraten, um Körpergerüche zu überdecken. Dass sich am Hofe des

»Sonnenkönigs« vorzugsweise parfümiert statt gewaschen wurde, ist in jedem Schulbuch nachzulesen.

Erst im 19. Jahrhundert entdeckten Wissenschaftler die Verursacher der Körperdüfte: die Schweißdrüsen und Bakterien, die den Schweiß zersetzen. Die Schweißdrüsen (bis zu drei Millionen!) sind eigentlich dazu da, den Wärmehaushalt des Menschen durch den physikalischen Effekt der Verdunstungskälte zu regulieren. Ferner sorgt der Schweiß für die Geschmeidigkeit der Haut und für deren richtigen pH-Wert. Doch der Schweiß bietet auch den perfekten Nährboden für Bakterien, die den unguten Körperduft erzeugen. Nach ersten hautreizenden Versuchen mit Ammoniaktinktur erfand ein anonymer Entdecker 1888 im amerikanischen Philadelphia das erste moderne Antitranspirant auf Basis einer Zinksalbe: das Deodorant, auch Desodorant genannt. Damals wie heute bekämpft der »Entriecher« den Feind »Körperduft« mit zwei Waffen: Zum einen wird die Schweißbildung eingedämmt, zum anderen werden die Bakterien abgetötet. Im Wesentlichen enthalten die Deodorants Parfümbestandteile, Geruchsabsorber und keimhemmende Mittel.

»Pferde schwitzen,
Männer transpirieren,
Damen glänzen ...«
Amerikanisches Sprichwort

Mit Roller, Spray und Gel gegen die Bakterien

Der anonyme amerikanische Deoerfinder ließ sein Produkt unter dem Namen »Mum« von seinem Kindermädchen vermarkten. 1931 übernahm mit Bristol Myers eine bekannte Kosmetikfirma den weiteren Vertrieb. In den späteren 1940er-Jahren verwendete man dann nicht mehr Zinksalbe, sondern – wie noch heute – Aluminiumchlorid als Wirksubstanz. Damals stieß Helen Barnett Diserens zur Forschungsabteilung des Mum-Teams. Sie hatte die geniale Idee, das »Ball-point«-Prinzip des gerade erfundenen Kugelschreibers auf die Deos anzuwenden. 1952 kam das »Ban Roll-On« auf den Markt.

1965 folgte das erste Deospray und stand bald in jedem Badezimmer. Als aber erwiesen war, dass sein Treibmittel Fluorchlorkohlenwasserstoff (FCKW) höchst umweltschädlich ist, kehrte man verstärkt zu den älteren Verabreichungsformen zurück. Heute reichen sie vom Roller über den Stift bis zum Gel, vom Deotuch und Deokristall bis zur Deobanane.

In heutigen Tagen muss also niemand mehr »muffeln«, wenn es wieder einmal 35 Grad heiß ist. Nur das Schwitzen bleibt weiterhin keinem erspart. Doch auch hier gibt's den kleinen, feinen Unterschied, lautet doch ein amerikanisches Sprichwort: »Horses sweat, men perspire, ladies glow – Pferde schwitzen, Männer transpirieren, Damen glänzen …«

Harry D. Schurdel

Dosenöffner

Der lange Weg ans Eingemachte

Ob Erbsen, Möhren, Fisch, Fleisch oder Obst – in Konservendosen kann man seit dem 19. Jahrhundert nahezu alle Lebensmittel auf lange Zeit haltbar machen und platzsparend lagern. Doch die praktische Verpackung hatte zunächst einen großen Nachteil: Um sie zu öffnen, musste man rohe Gewalt anwenden – bis der Dosenöffner erfunden wurde.

Die traditionellen Methoden, Lebensmittel durch Trocknen, Pökeln, Räuchern, Einkochen oder Einlegen haltbar zu machen, bekamen 1803 eine delikate Konkurrenz: die Konservendose. Auf den Geschmack gekommen war ein Mann der Praxis, der französische Koch François Appert. Mit dem wissenschaftlichen Know-how seiner Landsleute Denis Papin und Joseph Gay-Lusset im Hinterkopf, lötete er verzehrfertige Speisen in Blechdosen ein und kochte sie mehrere Stunden. Beim Erhitzen wurden die den Nahrungsmitteln anhaftenden Bakterien abgetötet, und der hermetische Luftabschluss machte die Speisen lange haltbar. Apperts Erfindung verhalf Napoleons Grande Armée zu einer modernen Marschverpflegung, dem Erfinder trug sie einen Staatspreis und den Titel eines Konservenfabrikanten ein. Zum Verschließen der Dose verwendete man damals »ein Stück Blech von 1 Zoll größerem Durchmesser als die Büchse, das durch einen geschickten Blecharbeiter von unten Tropfen für Tropfen aufgelötet wurde.«

Ran ans Eingemachte

So weit, so gut. Was aber, wenn es ans Eingemachte ging? Napoleons Soldaten griffen zum Bajonett, der Polarforscher William Parry 1824 zu Hammer und Meißel. 1849 empfahl die Kochbuchautorin Henriette Davidis:

»Das Aufmachen geschieht entweder durch Einschlagen des Deckels mittels eines Beiles oder mit einem alten Messer und einem glühenden Eisen«. Wem das Öffnen der Büchsen dennoch Probleme bereite, sollte sie vom Klempner öffnen lassen. Aber vorsichtig, denn Konservieren war damals sehr aufwendig und die teuren Büchsen sollten mehrfach benutzt werden. Man musste auch darauf achten, sich an den scharfen Blechkanten nicht zu verletzen, und dass das unter Einwirkung des heißen Eisens schmelzende Zinn nicht in die Speisen geriet. Der Franzose Bouvet schlug deshalb 1833 vor, zwischen Zarge und Deckel der Büchse einen Draht einzulöten. Durch Erhitzen lasse dieser sich mühelos entfernen und damit die Dose öffnen. Das Öffnen ging nun zwar leichter, aber das Zinn tropfte noch immer. Als Büchsen aus dünnem Weißblech hergestellt werden konnten (das heute verwendete Blech ist 0,14 mm stark), schlitzte man den Deckel einfach mit einem »Blechdosenmesser« über Kreuz auf und klappte die Ecken hoch.

Was aber, wenn es ans Eingemachte ging? Napoleons Soldaten griffen zum Bajonett, der Polarforscher William Parry 1824 zu Hammer und Meißel.

Der erste »richtige« Dosenöffner hatte ein Kaulkopf-Messer, das seinen Namen der Ähnlichkeit mit der Fischart Koppe verdankt. Das Messer befand sich unter dem Kopf, der Körper wurde zum Hebel. Messerschmiede stellten diese praktischen Helfer in Einzelanfertigung her. Anfangs waren sie nur im Besitz von Händlern, zu deren Service das Öffnen der gekauften Konserve gehörte. Als der industrielle und soziale Wandel das Familienleben veränderte und damit der Konservenkonsum – und die Nachfrage nach Dosenöffnern – anstieg, begann die Serienherstellung.

Die Produktion »am laufenden Band« hatte schon in der zweiten Hälfte des 19. Jahrhunderts in den USA, insbesondere in der Fleischmetropole Chicago, eine gigantische Konservenindustrie entstehen lassen. Um 1900 deckten Konserven in den USA bereits 30 Prozent des Nahrungsmittelbedarfs. Kein Wunder, dass 1858 ein gewisser Ezra Warner das erste Patent auf einen Büchsenöffner erhielt.

Die »Rote Clara« und der »Sieger« aus Solingen

Die Erfindung der Dosenverschließmaschine in den 1870er-Jahren veränderte die Form der Deckel, die nun gebördelt, maschinell gelötet oder gepresst wurden. Die Dose erhielt dadurch den heute typischen Rand. Deshalb war auch ein neuer Öffnertyp erforderlich: Griff und Messer mussten um die Höhe des Randes abgestuft und seitlich versetzt werden, damit die Noppe am Griff auf dem Rand aufsaß und das Messer hart am Büchsenkörper eindringen konnte.

Solch ein Dosenöffner kostete hierzulande um 1880 eine Mark. In einfacher Ausführung war er schon für 25 Pfennige, mit auswechselbarer Stahlklinge für 30 Pfennige zu haben. Der »Renner« des Jahres 1897 z. B. war das zirkelartig schneidende Modell »Rapid«. Legendär ist auch die »Rote Clara«.

Anfangs waren Dosenöffner nur im Besitz von Händlern, zu deren Service das Öffnen der gekauften Konserve gehörte.

Die 1864 gegründete Firma Reutershan in Solingen erfand 1913 den Dosenöffner »Sieger«, der – mehrfach patentiert – nach dem Ersten Weltkrieg als Sensation galt. Durch bewegliche Anordnung des Messers wurde der Griff zur Ratsche, wobei ein Zahnkranz das Abrutschen an der Dose verhinderte.

Dann eroberten Scheren- oder Zangenöffner die Küche mit denen das Durchstechen des Blechs und das Festhalten der Dose erleichtert wurde und der Schneidevorschub per Drehflügel kraftsparend war. Schließlich wurde noch der Kaulkopf durch ein schräg stehendes, kreisrundes Messer ersetzt.

Auch das Öffnen eckiger Büchsen (z. B. für Corned Beef), bei denen herkömmliche Öffner versagten, war für die Tüftler der Branche eine Herausforderung: Sie ritzten die Dosenwand am oberen Ende leicht ein und versahen sie mit einer Lasche. Diese steckte man in einen geschlitzten Metallstab mit Bügelgriff und öffnete die Dose durch Aufwickeln des sich abspaltenden Blechstreifens. Bei den flachen »Clubdosen« für Fischkonserven rollte man gleich den ganzen Deckel auf. Bügelöffner oder klappbare Miniöffner mit klassischem Reißhaken wurden – mit einem Löttropfen an die Dose geheftet – gleich mitgeliefert.

Um für jede Gelegenheit gewappnet zu sein, integrierte man den »Aufmacher« schließlich auch ins Taschenmesser. Für Profieinsätze, bei denen es um große Stückzahlen geht, wurden Wanddosenöffner entwickelt. Zu guter Letzt wurde der Dosenöffner sogar »elektrifiziert«: Ein Magnet hält den Deckel fest und ein motorgetriebenes Zahnrädchen zieht die Dose durch das Messer.

»Wem das Öffnen der Büchsen beschwerlich fällt, lasse sie von einem Klempner vorsichtig öffnen.«

Henriette Davidis, Kochbuchautorin, 1849

Als um 1990 Büchsen mit Ring-Pull-Deckel auf den Markt kamen, schien der Dosenöffner überflüssig zu werden, denn durch kräftiges Ziehen am Ring lässt sich der vorgeprägte Deckel ohne Öffner »herausreißen«. Was bei Getränke- oder Erdnussdosen funktioniert, ist aber für große Gebinde wenig geeignet, ganz abgesehen von der Verletzungsgefahr.

Alle bisherigen Nachteile behebt nun die jüngste Dosenöffner-Generation der Kantenfrei-Dosenöffner durch die seitliche, gratfreie Schneidetechnik. Sie arbeitet ohne Messer, hinterlässt keine scharfen Kanten und ist 100 Prozent verletzungssicher. Der Dosenrand wird seitlich außen aufgetrennt und gleichzeitig umgebördelt. Dadurch lässt sich der Deckel wieder aufsetzen, und nicht aufgebrauchte Speisen können so einige Tage im Kühlschrank aufbewahrt werden.

Dosenöffner sind übrigens längst auch Sammlerobjekte – wer also noch ein Hobby sucht …

Herbert Hartkopf

Eiscreme

Kalt und gut

Was verbindet Kaiser Nero und US-Präsident George Washington? Ihre Vorliebe für eisige Schleckereien! Zwischen der fruchtig-sahnigen Eisvielfalt unserer Tage und den ersten frostig-süßen Köstlichkeiten liegen Jahrtausende ...

England erlebte 1640 einen extrem heißen Sommer. Auch König Karl I. (1625–1649) schwitzte und ließ seinen französischen Chefpatissier Jacques Tissain rufen: »Bereite mir eine kühlende, erfrischende Speise, die einem auf der Zunge zerfließt, also nicht wieder einen kalten Pudding wie gestern!« Ratlos stand der Koch in der Küche. Doch da kam ihm eine Idee: Er ließ aus dem Eiskeller einen gefrorenen Wasserwürfel holen, legte ihn in geschlagene Sahne, drapierte obenauf einige Erdbeeren und servierte die Kreation. Majestät war so angetan, dass er »Missieur Jacques« sogleich zum ersten Eismacher im Reich erhob.

England wurde einer der Vorreiter bei der Verbreitung dieser Köstlichkeit. Zunächst labten sich nur adlige Kreise an der kalten Speise. Erst drei Jahrzehnte später, 1670, eröffnete in Paris der erste öffentliche Eissalon: das »Café Picopio«. Sein Besitzer, Signor Procopio Coltelli, kam – »natürlich« möchte man fast sagen – aus Italien. Der Sizilianer schlug sich in Paris als Limonadenverkäufer durch, bis er dann eine Rührmaschine austüftelte, mit der er aus gekühlter Limonade Wassereis herstellen konnte. Sechs Jahre später gab es über 250 Eissalons in Paris!

»Man mische Milch, Pistazien und Safran und lasse sie in einem Metallkegel gefrieren, der mit Teig geschlossen wird.«

Aus einem indischen Kochbuch, Ende des 16. Jahrhunderts

Nach Italien gelangte die Ur-Eisrezeptur durch Marco Polo (1253–1324). Als der Venezianer 1295 aus China zurückkehrte, hatte er auch ein Rezept für Speiseeis im Gepäck. Im Reich der Mitte kannte man schon seit Langem eine Zubereitung aus gefrorenem Wasser und Milch. Wassereis mit Geschmack ist wohl seit der Han-Dynastie (206 v. Chr.–220 n. Chr.) bekannt. Von China gelangte die Kenntnis der Eisherstellung nach Zentral- und Südasien. Indiens Mogulherrscher delektierten sich seit dem 16. Jahrhundert an gekühlten Nachspeisen auf Milchbasis. Ein Kochbuch von 1590 aus Delhi verrät uns die Rezeptur: Man mische Milch, Pistazien und Safran und lasse sie in einem Metallkegel gefrieren, der mit Teig geschlossen wird. »Geboren« wurde die Urform des aromatisierten Eises sehr wahrscheinlich in der Hochgebirgsregion Ostanatoliens. Hier, in relativer Nähe zu den Zentren verschiedener Hochkulturen, muss zwischen dem 3. und 2. Jahrtausend v. Chr. die Idee entstanden sein, Schnee als Träger von Geschmacksstoffen zu benutzen. Ein Eisliebhaber der Antike war Kaiser Nero (37–68 n. Chr.), der Eis aus Schnee – vermischt mit Fruchtsaft, gesüßt mit Honig und mit Früchten garniert – zu Gelagen reichen ließ.

Kaiser Nero ließ Eis aus Schnee – vermischt mit Fruchtsaft, gesüßt mit Honig und mit Früchten garniert – zu Gelagen reichen.

All diese Eissorten basierten auf dem »Basisstoff« Wasser. Die Ehre, das moderne Speiseeis auf Milchbasis erfunden zu haben, gebührt dem Pariser Caféhausbesitzer Le Caveau. Sein »Eisbutter« genanntes Dessert galt als einmalige Delikatesse bei höfischen Festen. Sein Meisterstück schuf Caveau 1774 für den Herzog von Chartres: Er formte die herzoglichen Waffen aus Eiscreme nach. Die kostspielige Frostspeise war bei den hochstehenden Schichten des 18. Jahrhunderts sehr beliebt. Eisfreunde ersten Ranges waren die frühen Präsidenten Amerikas. So ist vom ersten Amtsinhaber, George Washington, überliefert, dass er 1790 in zwei Monaten sage und schreibe 200 Dollar für die köstlich-kühle Speise ausgab. Auch Thomas Jefferson, das dritte Staatsoberhaupt, war heiß auf Eis. Sein handgeschriebenes Rezept für Vanilleeis wird im Archiv der Kongressbibliothek verwahrt. Größte Propagandistin der frostigen Süßigkeit aber war Dolley Madison, Gattin des vierten US-Präsidenten James Madison. Die Empfänge der First Lady waren Highlights der Gesellschaft, und auf ebendiesen reichte sie Eis in allen damals machbaren Formen. Nicht zuletzt dank dieser Präsidenten-»Protektion« wurden die Staaten zum »Eisland«. Bis heute isst kein Volk der Erde so viel Eis wie das amerikanische.

Vom Schneedessert früher Herrscher zum Speiseeis für alle

Es erstaunt nicht, dass von den USA die industrielle Fertigung des Speiseeises ausging. Der Durchbruch gelang 1851 Jacob Fussel, einem Milchhändler aus Baltimore. Damals gab es in der Stadt nur einen Eishersteller, der aus gekochter Milch und Zucker ein halbwegs vertrauenerweckendes Produkt zusammenbraute und für 60 Cent pro Liter absetzte. Fussel, dem auf seinen Auslieferertouren oft Rahm übrig blieb und verdarb, kam auf die Idee, die Gefriertemperatur mit Salz zu senken. Dann schaffte er sich die technisch neuesten Gefriermaschinen an – und nahm die erste Eisfabrik der Welt in Betrieb. Infolge der großen Umsatzmenge kostete Fussels Eiscreme konkurrenzlos billige 25 Cent pro Liter. Ein Jahr nach der ersten Lieferung im Juni 1851 hatte Fussel bereits Zweigbetriebe in Washington und New York eröffnet. Bis zur Einführung des partiell gefrorenen und in Schachteln verpackten Speiseeises sollte es allerdings noch bis 1939 dauern.

Präsidentengattin Dolley Madison servierte Eis zur »Kühlung der politischen Gemüter ...«

Die Form des Eisschleckens aus der Tüte hat wiederum einen Italiener als Erfinder: den nach Amerika ausgewanderten Signor Italo Marcioni. Er füllte 1896 zum ersten Mal Eis in kegelförmige Waffeln. Zum Verkaufsschlager wurde die Eistüte 1904 anlässlich der Weltausstellung in St. Louis/Missouri, auf der 50 Eiscremehändler ihre Stände hatten. Einige von ihnen verkauften Eis in Tüten – und stießen auf regen Zuspruch. Die zweite »Handversion«, das »Eis am Stiel«, ist die Erfindung eines Mister Frank Epperson aus Oakland/Kalifornien. Er war Vertreter für Limonade und ließ in seinem Verkaufsraum versehentlich ein Glas Limonade, in dem ein Löffel steckte, auf dem Fensterbrett stehen. In der Nacht gab es Frost, und als Epperson am Morgen den Löffel aus dem Glas nehmen wollte, hielt er den Prototyp von Eis am Stiel in der Hand ... Er ließ seine Idee 1923 patentieren und verkaufte sie an den Nahrungsmittelhersteller Joe Lowe. Der führte die Novität unter dem Namen »Popsicle« ein. Der Begriff wurde in Amerika bald zum Synonym für »Eis am Stiel«.

Über Dänemark kam das Speiseeis in »Handstielform« 1935 auch nach Deutschland – und wurde zum Marktrenner der Saison. Dazu trug nicht nur der schwüle Sommer jenes Jahres bei, sondern auch der maßvolle Preis von 10 Pfennig. Mehr als 1,5 Millionen »Eislutscher« – wie der Volksmund das Eis am Stiel taufte – wurden allein in Hamburg vom Hersteller Langnese verkauft. Sein erstes Eis am Stiel genoss 1935 in Berlin auch der junge Nürnberger Theo Schöller. Er war so angetan, dass er 1937 mit seinem Bruder eine kleine Eisfabrik auf dem elterlichen Grundstück errichtete. 25 Mitarbeiter produzierten in Handarbeit täglich 10 000–12 000 Eis am Stiel, in den Geschmacksrichtungen Vanille, Schokolade, Erdbeere und Zitrone.

Die ländliche Bevölkerung indes hegte noch Skepsis gegenüber dem neuen Produkt. Der Durchbruch kam erst 1937 beim Erntedankfest des »Reichsnährstandes« auf dem Bückeberg bei Hameln. Zunächst wollte keiner der Bauern das »neumodische Zeug«. Doch als einige »Furchtlose« es probiert und für gut befunden hatten, war der Bann gebrochen. Das Ergebnis: über 60 000 verkaufte Eislollis! Mit den Kriegsjahren musste auch die Eisproduktion eingestellt werden. Im Sommer 1948, nach der Währungsreform, kam auch die Eiscreme wieder auf den deutschen Markt. Zwanzig Jahre später zählte Speiseeis zu den Grundnahrungsmitteln, nicht nur für Millionen Kinder. Heute lässt sich hierzulande jeder Bürger knapp acht Liter Speiseeis pro Jahr im Mund zergehen. Europas Eisrekord halten ausgerechnet die Schweden – mit zwölf Litern!

Harry D. Schurdel

Frauenhosen

Emanzipation und Mode

Wenn eine Frau heute Hosen trägt, ist das nichts Ungewöhnliches. Wenn eine Frau »die Hosen anhat«, bezieht sich das meistens auf die Beziehung zwischen Mann und Frau. Die Geschichte von Frauen in Hosen begann in Europa vor knapp 250 Jahren. Allerdings handelte es sich nicht um Bekleidung im heutigen Sinn. »Hosen« waren damals Beingamaschen oder lange Socken. Außerdem war das Beinkleid ursprünglich nur zum Sport und zur Arbeit gedacht; und für all diejenigen, die sich Kleider nicht leisten konnten.

Die Wegbereiter der heutigen Hosen hießen »Bruch«. Dies waren kurze, an der Taille befestigte Unterhosen der Kelten und Germanen. »Bruch« oder althochdeutsch »Bruoch« bekamen erst durch das Zusammenfügen mit Beinlingen oder Wickelgamaschen den Grundschnitt der Hosen, wie wir sie heute kennen. Diese Kreation eines völlig neuartigen Beinkleids fand Mitte des 14. Jahrhunderts statt – und war eine lange Zeit ausschließlich den Männern vorbehalten. Ihr Besitz symbolisierte nicht nur Männlichkeit, sondern auch Überlegenheit. Bis heute gibt es beispielsweise die Redensarten »die Hosen herunterlassen« oder »jemandem die Hose ausgezogen zu haben«. Ein Verlust der Hose galt als symbolische Kastration und Ehrverlust.

Der rein männlichen Auffassung von Hosenträgern in Europa steht die Entwicklung in Asien gegenüber. Dort haben Frauen schon vor dem 18. Jahrhundert Hosen getragen – und tun es bis heute, neben den traditionellen Saris. In China trugen die Frauen traditionell kurze Jacken und nicht besonders weite, wadenlange Hosen. 1913 wurde darüber in der Zeitschrift »Die Frau der Gegenwart« mit Kopfschütteln berichtet. »Nach europäischen Begriffen sitzen sie (die Abgeordneten der chinesischen Provinz

Kwantung, Anmerkung der Redaktion) da höchst unweiblich gekleidet, während die Männer die bei uns nur für die Frauen üblichen Röcke tragen.«

Aber auch verschiedene Völker am Polarkreis haben Hosen entwickelt. Dort trugen Frauen wie Männer als Kälteschutz zweiteilige Anzüge aus Leder oder Fell. Dabei waren die früheren Hosen alles andere als körperbetont: Eine Art sackförmiges Schenkelkleid wurde durch eine Quernaht zur Hose. Alternativ war die Methode, an jedes Bein einzelne Pumphosenbeine zu binden.

»Liebestöter« und Hosenröcke

Unter den weiblichen Hosenträgerinnen Europas übernahmen die Französinnen die Vorreiterrolle. Dort hat man gerne mit Mode experimentiert – und parallel dazu wuchs der Wunsch und die Nachfrage nach gleichen Rechten für Frauen. Bis heute lächelt man über die »Liebestöter«, eine Art spitzenverzierte Hose, die unter Kleidern oder Röcken getragen wurde. Diese Unterhosen waren ein bedeutender Punkt in der Geschichte der Frauenhosen. Denn je kürzer das Kleid war, desto mehr hat man von den mit Spitze oder Volants verzierten Enden der Hose gesehen. So hat die Damenmode Hosen in ihr Repertoire eingeschlossen und den Hosen nach und nach immer mehr Bedeutung verschafft. Auch die Vorreiter der Nylonstrumpfhosen waren bereits im frühen 19. Jahrhundert Thema in den Modejournalen. Eng anliegende, verzierte und eigens geschneiderte Strumpfhosen aus Musselin oder Atlas galten als chic – aber immer brav unter Kleidern getragen.

Die Männer hatten Angst, eine ihrer Domänen zu verlieren, wenn sich die Hose für Frauen zu einem adäquaten Kleidungsstück entwickeln würde.

Hosen als adäquates, zeigbares Kleidungsstück für Frauen im Alltag kamen Anfang des 20. Jahrhunderts auch in Deutschland zögerlich in Mode, als Frauen anfingen, öffentlich Sport zu treiben und zu reisen. Sogar führende Modekritiker mussten damals zugestehen, dass es sich in Kleidern schlecht reiten, Rad fahren, Tennis spielen, Ski fahren, Gymnastik treiben oder umherreisen lässt. Sport und Emanzipation traten in dieser Zeit parallel auf. So wurden durchgeknöpfte Röcke und geteilte Röcke, also Hosenröcke, modern.

Wegbereiter dieses Sporttrends waren englische Ärzte, die bereits hundert Jahre zuvor, um 1820, bestätigt hatten, dass es nicht ausreicht, als körperliche Ertüchtigung Buch lesend in der Sonne spazieren zu gehen. Hintergrund dieser Erkenntnis war die neue Ansicht, dass Frauen nur dann gesunde Mütter und anmutige Gattinnen sein könnten, wenn ihr konstitutioneller Zustand gestärkt sei. Trotz der Freiheit, sie nun endlich anziehen zu dürfen, wurden Hosen nicht mit allzu großer Begeisterung von allen Damen getragen. Viele schämten sich, ihre Beine so öffentlich zu zeigen. Andere dachten, dass weibliche Anmut mit Kleid oder Rock höher geschätzt werde als eine gute Gesundheit und Erfolg beim Sport. Zudem hatten die Männer Angst, eine ihrer Domänen zu verlieren, wenn sich die Hose für Frauen zu einem adäquaten Kleidungsstück entwickeln würde. Alte Bilder zeigen Fischerinnen, Bäuerinnen und Marketenderinnen – in Hosen.

Von den Fabrikhallen auf die Laufstege

Ein markanter Wendepunkt in der Geschichte der Hose für die Frau war der Erste Weltkrieg. Vor dem Krieg gab es klar verteilte, geschlechtsspezifische Rollen, während des Krieges hingegen mussten Frauen eine Lohnarbeit annehmen und dadurch in diverse Männerdomänen eintreten. Für Munitionsarbeiterinnen war die Kriegsberufskleidung praktisch und allgemein akzeptiert.

»Arbeit in Arbeitshose ist zu gestatten.«

Aus den Richtlinien der Militärführung in Hannover für die Arbeit in den Rüstungsbetrieben, 1916

Je mehr Frauen aber auch tagsüber in Hosen gesehen wurden, desto mehr verlor das neue Beinkleid an Schrecken. Diese Wandlung der Sichtweise ist entscheidend für den letztendlichen Einzug der Hosen in die Kleiderschränke von praktisch jeder Frau in ganz Westeuropa. So kann man nach dem Ersten Weltkrieg, in den frühen 1920er-Jahren, den modischen Durchbruch für die Damenhose feiern. Allerdings wollten sogar noch damals viele Frauen nur dann eine Hose tragen, wenn ein Rock unpraktisch war – also nicht jeden Tag. Es hat noch einmal knapp 40 Jahre gedauert, bis die Hose als Alltagskleidungsstück für Tag und Nacht voll anerkannt war. Erst in den 1960er-Jahren wurden Hosen von allen namhaften Modeschöpfern auf die Laufstege geschickt. Hosen konnten nun praktisch von Frauen jeden Alters getragen werden – vorausgesetzt, dass die Trägerinnen schlank waren.

»*Wer heute noch die Frau gleichsetzt mit Rock, verschläft den Zeitgeist.*«

Marlice Hinz, Modeexpertin, 1962

Und obwohl Frauen in Hosen mittlerweile überall zu sehen waren, gab es noch einige Unterschiede zwischen Frauen- und Männerhosen. Beispielsweise wurde der Frontverschluss erst 1967 auch bei Damenhosen eingeführt. Bis dahin waren die Reißverschlüsse seitlich angebracht. Der vorerst letzte große Schock für die Gesellschaft waren die Anfang der 1970er-Jahre in Mode gekommenen Hotpants, die knapp unter dem Po endeten. Soviel Freizügigkeit war neu und erntete europaweit zunächst Proteste.

Trotzdem – die Mode wurde immer androgyner und zum wesentlichen Merkmal der Mode wurde, dass viel erlaubt und wenig verboten war. So ist die Hose nach und nach zu einem liebgewordenen, nicht mehr wegzudenkenden Kleidungsstück für Frauen in jedem Alter, jedem Beruf und jeder Gesellschaftsschicht geworden.

Jennifer Bligh

Glühbirne

Quelle der Erleuchtung

Ohne uns darüber Gedanken zu machen, schalten wir morgens im Badezimmer die Lampe über dem Spiegel ein, per Knopfdruck verschaffen wir uns eine bessere Sicht beim Autofahren, lesen vor dem Einschlafen noch ein gutes Buch. Doch so selbstverständlich sollten wir das elektrische Licht nicht nehmen ...

»E 14« oder »E 27« sind keine Lebensmittelzusätze, sondern Sockeltypen von Glühlampen. Das »E« steht für Edison, die Zahl gibt den Gewindedurchmesser an. Thomas Alva Edison gilt zwar als Erfinder der Glühbirne, aber schon lange vor ihm ging anderen Tüftlern ein Licht auf.

Bei der Erforschung der Elektrizität stieß man auf ein verblüffendes Phänomen: Aus Stromquellen sprangen »knisternde Funken von bläulicher Farbe und einigen Zoll Länge« durch die Luft auf einen Leiter über. Könnte man diese Funken dauerhaft machen, hätte man ein neuartiges »künstliches« Licht. Das gelang 1813 Humphrey Davy mit der Erfindung der »Bogenlampe«. Deren Mängel waren jedoch groß: Sie erzeugte ein sehr grelles Licht, war nicht abschaltbar, und ihre Kohleelektroden brannten rasch nieder.

»Jeder Fortschritt und jeder Erfolg entspringt dem Denken.«

Thomas Alva Edison

Spätere Experimente wiesen einen anderen Weg: »Schlechte« Leiter (wie Holzkohle oder Platin), die man direkt in den Stromkreis schaltete, erhitzten sich bis zur Weißglut, wobei die Lichtausbeute überproportional mit der Temperatur stieg. Doch auch dabei verbrannte die Holzkohle aufgrund ihres Sauerstoffgehalts, und Platin gab erst bei Erreichen seines relativ niedrigen Schmelzpunktes genügend Licht ab. Ein luftleerer Hohlkörper als Ort des Glühvorgangs würde dies verhindern; das Vakuum hatte schon 1644 Torricelli zur Erfindung des Barometers genutzt. Mit der Verbindung beider Prinzipien entwickelten schließlich De Moleyns und J. W. Starr (1841 bzw. 1845) unabhängig voneinander die ersten elektrischen »Glüh«-Lampen. Ihre wenig ausgereiften Patente fanden aber keine praktische Anwendung.

Mehr Erfolg hatte der 1818 in Springe geborene Mechaniker Heinrich Goebel. Er kam 1848 nach New York, eröffnete eine Werkstatt und tüftelte an einer werbewirksamen Beleuchtung für sein Geschäft. Mit verkohlten, 0,2 mm starken Bambusfasern aus einem Spazierstock, die er in eine Flasche eingoss und an eine Zink-Kohle-Batterie anschloss, war es 1854 so weit: Seine »Kohlefadenlampe« schaffte bis zu 200 Betriebsstunden – allerdings fehlte dazu noch eine langlebige Stromquelle. Goebel wurde belächelt und als Störenfried angefeindet, aber er kämpfte um die Anerkennung seiner Idee. Als er schließlich 1893 – kurz vor seinem Tod und finanziell ruiniert – den Prozess um das Kohlefadenpatent gegen Edison gewann, war es für eine Vermarktung zu spät. Auch anderen Glühlampenpionieren wie Warren de la Rue, Lodygin, Sawyer oder Swan blieb der große Erfolg versagt.

Die Wende in Sachen Glühbirne

Das Vakuumverfahren hatte man mit der 1865 von Hermann Sprengel erfundenen »Quecksilber-Luftpumpe« in den Griff bekommen. Die große Wende in Sachen Glühbirne kam jedoch 1866 durch Werner von Siemens' Erfindung der Dynamomaschine. Mit ihr konnte ein dauerhaft konstanter »Starkstrom« erzeugt werden, der sich auch über größere Distanzen verteilen ließ. In diesem Entwicklungsstadium trat 1876 Thomas Alva Edison auf den Plan. In seinem Labor Menlo Park bei New York entwickelten Mitarbeiter verschiedener Disziplinen neue Produkte. Darunter auch Glühlampen, die mit Platinstreifen oder verkohltem Papier unter hoher Spannung betrieben werden sollten. Als diese Versuche scheiterten, ließ Edison mehrere Tausend Naturstoffe auf ihre Eignung als Lichtquelle prüfen, bis sich 1879 – ausgerechnet mit verkohlter Bambusfaser – der Erfolg einstellte. Die Birnen, für die Edison die Sockel nebst Fassung erfand, ließen sich problemlos auswechseln und brachten es auf 40 Stunden Brenndauer. 1881 baute Edison einen von einer Dampfmaschine angetriebenen Generator und installierte mit 115 Birnen auf dem Dampfer »Columbia« die erste Beleuchtungsanlage. Auf der »Internationalen Elektrizitätsausstellung« 1882 in Paris stellte er dem staunenden Publikum seine Anlage vor. Der spätere weltweite Erfolg seines Patents basierte darauf, dass er komplette Systeme anbot. Dazu gehörten – neben »Kraftwerk« und Lampe – Schalter, Verteiler und Leitungsnetze, die es möglich machten, Strom über weite Strecken an verschiedene Stellen zu leiten, um dort eine beliebige Zahl Lampen gleichzeitig oder auch einzeln zum »Brennen« zu bringen.

Licht an! Die Glühbirne hält Einzug in den Alltag

Bereits 1884 erstrahlte die Pariser Oper in elektrischem Licht; und 1886 waren in Berlin bereits die Hälfte der Theater, Banken, Hotels und Geschäfte – inklusive Schaufenstern – damit ausgestattet. Das »neue« Licht übte auf die Zeitgenossen eine magische Faszination aus, blieb aber noch lange ein kostspieliges Prestigeobjekt. Im Privatbereich setzte es sich nur zögernd gegen das preiswertere, wenn auch ungesunde Gaslicht durch. Erst als um 1900 die »Metallfadenlampe«, die mit Temperaturen von 2500 °C betrieben werden konnte, aufkam, nahm die elektrische Beleuchtung rasant zu. In den USA brannten damals bereits 25 Millionen Glühbirnen, und Europa zog nach: Bereits 1883 wurde die »Deutsche Edison-Gesellschaft«, die spätere AEG, gegründet; 1891 entstand in Holland der »Philips«-Konzern und 1919 die »Osram-Auergesellschaft«. Durch Perfektionierung und Massenfabrikation stiegen diese Hersteller bald zu Marktführern auf.

Zur Herstellung metallener, in sogenannte »Wendel« geformter Glühfäden verwendete Carl Auer von Welsbach eine Paste aus Osmium, die durch winzige Düsen gepresst und dadurch getrocknet wurde. Resultat war 1902 die »Osmium-Glühlampe«. Ab 1903 wurden Glühfäden aus Tantal und seit 1906 aus dem noch heute verwendeten Wolfram (bis herab auf 0,013 mm Stärke) gezogen.

Weil elektrisches Licht um 1910 noch immer sehr teuer war – eine kWh kostete in Deutschland damals eine Mark –, machte sich Irving Langmuir Gedanken, wie man den Stromverbrauch senken könnte. Langmuir füllte die Glaskolben mit Licht verstärkendem Argongas und erfand 1913 die

»Halbwattlampe«, den später von William David Coolidge verbesserten Vorläufer der heute handelsüblichen Energiesparlampe.

Kino, Fotografie, Optik usw. – was wären sie ohne die Glühlampe? Auch die Medizin setzte auf die »Birne«: Für Magenuntersuchungen wurden Glühlampen von 3,5 mm Länge und 2 mm Breite und kleiner entwickelt. Das kuriose Gegenstück dazu ist die 1954, zum 75. Jubiläum von Edisons Erfindung, am Rockefeller-Center in New York installierte »größte Glühbirne der Welt«: Sie ist 105 cm hoch, hat einen Durchmesser von 51 cm und eine Leistung von 75 000 Watt.

Von Minilampen für die Medizin bis zur »größten Glühbirne der Welt«: Die Vielfalt an Glühbirnentypen ist heute kaum noch zu überblicken.

Die Vielfalt an Glühbirnentypen ist heute kaum noch zu überblicken. Neuere Forschungen gehen dahin, anstelle von Strom das Licht direkt aus einem zentralen Plasmastrahler zu verteilen. Quo vadis, Glühlampe?

Herbert Hartkopf

Gummibärchen

Tierischer Genuss

Vorbei die Zeiten, in denen Frauen sich die Zukunft in dunklen Höhlen oder mit Kristallkugeln voraussagen ließen: Heute greift man in eine Tüte und zieht fünf Gummibärchen heraus; im Internet verrät das »Gummibärchen-Orakel« dann die Zukunft.

Hans Riegel würde über so viel Unsinn wahrscheinlich nur verwundert den Kopf schütteln. Am 3. April 1893 wird er in der Nähe von Bonn geboren, nach der Schule folgt die Ausbildung zum Bonbonkocher. Als der Erste Weltkrieg vorüber ist, wird Riegel zunächst Geschäftspartner einer Süßwarenfabrik, macht sich 1920 dann mit einer eigenen Firma selbstständig. Aus den Initialen seines Namens und seiner Heimatstatt Bonn kreiert er einen Firmennamen, der heute weltweit bekannt ist: »Haribo«.

Per Fahrrad werden die ersten Bären ausgeliefert

Ein Sack Zucker, so steht es in der Firmenhistorie, ist Riegels Startkapital. In einem Kupferkessel verkocht der Bonner den süßen Rohstoff zu Bonbons und walzt ihn aus. 1922 hat der junge Unternehmer dann die Idee, die ihn zu Weltruhm führen wird: Er schnitzt kleine Bärenschablonen und füllt sie mit süßer Gummimasse; die ersten Haribo-Bären sind geboren. Riegel selbst erinnert seine Kreation an die Tanzbären, die damals als Attraktion auf Jahrmärkten und der Kirmes gezeigt werden – und so nennt er auch seine Bonbons »Tanzbären«. Damit hat er offenbar den Nerv seiner Kunden getroffen. Zwei Bären gibt es für einen Pfennig, und Riegels Frau Gertrud muss kräftig in die Pedale treten. Autos sind in den 1920er-Jahren teuer, und so werden die Süßigkeiten mit dem Fahrrad ausgeliefert. Der einstige Familienbetrieb wächst beständig, zu den Bären kommen bald Lakritzschnecken und -stangen. 1930 arbeiten bereits 160 Mitarbeiter für Haribo; Deutschland kann flächendeckend mit den Leckereien versorgt werden. Der im niederländischen Exil lebende Kaiser Wilhelm II. nannte den Bären gar »das Beste, was die Weimarer Republik hervorgebracht hat!«

Mit dem Zweiten Weltkrieg werden die Rohstoffe knapp, und entsprechend geht es mit der Produktion bergab. Daran kann auch der Werbeslogan »Haribo macht Kinder froh« nichts ändern, der in den 1930er-Jahren erfunden wurde. Als kurz vor dem Ende des Krieges Hans Riegel stirbt, übernimmt seine Witwe Gertrud die Leitung der Firma, kurz darauf die Söhne Paul und Hans Riegel junior.

Vom »Tanzbären« zum »Goldbären«

Schnell zeigt sich: Der Bär ist noch immer in aller Munde. Die Firma floriert und die Gummitiere, deren Hauptbestandteil Gelatine ist, kann man wieder überall kaufen; entweder in einer Blechdose oder einzeln am Kiosk oder im Tante-Emma-Laden. Das Wirtschaftswunder wirkt sich auch auf die Bären aus, nicht nur eine neue Verpackung aus Cellophan erhalten sie, auch der Bär verändert seine Form. Etwas kleiner wird er, seine Füße sind nicht mehr nach außen gedreht, und er wirkt gedrungener, niedlicher – der »Goldbär« ist geboren. 1967 wird er als Warenzeichen anerkannt.

Schon damals gibt es ihn in den fünf Farben, die auch heute noch in jeder Tüte zu finden sind: rot, orange, grün, gelb und weiß, jede mit einem anderen Geschmack – auch wenn es immer wieder Zeitgenossen gibt, die meinen, keinen Unterschied zwischen roten (Himbeere), grünen (Erdbeere) und weißen (Ananas) Bären schmecken zu können. Seit Sommer 2007 gibt es den »Goldbären« auch in der Geschmacksrichtung Apfel. Besonders beliebt sind die roten Gummibären, von ihnen sind daher auch die meisten in den Tüten zu finden.

Allerdings: So tiefrot, wie sie früher einmal waren, sind die Gummibärchen heute nicht mehr. Denn als in den 1980er-Jahren künstliche durch natürliche Farbstoffe abgelöst wurden, nahmen auch die bunten Goldbären eine neue, blassere Farbe an. Und da sich mit natürlichen Farbstoffen keine blauen Gummibärchen färben lassen, wird es diese auch künftig nicht geben.

Im Laufe der Jahre expandierte das kleine Unternehmen aus Bonn in die ganze Welt, jeden Tag laufen allein bei Haribo rund 80 Millionen der gut zwei Zentimeter großen Süßigkeiten vom Fließband.

Mit der wachsenden Verbreitung der Gummibärchen, die auch von anderen Firmen in ihr Sortiment aufgenommen wurden, wuchsen aber auch die Schwierigkeiten. Denn Gelatine ist einer der wichtigsten Inhaltsstoffe, durch sie werden die Bärchen erst so elastisch. Gelatine aber wird meist aus Schweineschwarten gemacht – für Muslime, aber auch für viele Vegetarier sind die Süßigkeiten daher tabu. Doch die Industrie hat sich den Bedürfnissen ihrer Kunden angepasst: In islamischen Ländern wird ausschließlich Rindergelatine verwendet; als Ersatz kann auch Stärke oder Pektin eingesetzt werden. Dann sind die Gummibären zwar etwas trüber gefärbt als die Originale, schmecken aber auch Muslimen und Vegetariern.

Wohl keine andere Süßigkeit beschäftigt die Menschen so sehr wie die Gummibärchen. Im Internet lassen sich die seltsamsten Bären-Blüten finden. Neben dem erwähnten »Orakel«, das es auch in Buchform gibt, hat sich gar eine eigene Gummibären-Forschung entwickelt. Psychologen der Universität Heidelberg haben sich mit dem Verhalten der süßen Bären befasst und lange Fachartikel geschrieben, die sehr amüsant zu lesen sind.

»Das Beste, was die Weimarer Republik hervorgebracht hat!«

Kaiser Wilhelm II. über den Haribo-Bären

Angeboten wird der Gummibär inzwischen auch als Lampe, als Plüschtier und sogar als Kartenspiel – der Fantasie sind keine Grenzen gesetzt, vielmehr wird sie von den bunten Bären beflügelt: Von Erich Kästner weiß man, dass er immer ein paar Goldbären vorrätig hatte, wenn er Kinderbücher schrieb. Angeblich hatte auch Exaußenminister Hans-Dietrich Genscher stets einige Tüten in seinem Gepäck. Kein Wunder, dass der Goldbär unter die »50 Deutschen Stars« der »Partner für Innovation« gewählt wurde – in bester Gesellschaft mit Aspirin, Buchdruck und Relativitätstheorie.

Christian Breuer

Hamburger

König des Fast Food

Anfang des letzten Jahrhunderts zum ersten Mal schriftlich erwähnt, entwickelte sich die Frikadelle im Brötchen zum bekanntesten Imbiss rund um den Globus. Politische und kulturelle Grenzen überschreitend, ist der Hamburger weit mehr als eine Bulette – er wurde zur Ikone eines modernen, schnellen Lebensstils.

Der Name legt es nahe: Der Hamburger als Imbiss könnte irgendetwas mit der Hansestadt Hamburg zu tun haben. Hier war es üblich, Schweinefleisch auf Brötchen zu essen. Hatte sich der Name daraus entwickelt? Allerdings ist er dort keineswegs so etwas wie ein traditionelles Regionalgericht – und außerdem gibt es schließlich allerlei andere Arten von Burgern. Da wäre nicht nur der Cheeseburger anzuführen, sondern diverse neuartige Bulettenkreationen, die sich modern Dinkel-Burger, Asia-Burger und sogar Bayern-Burger nennen. Vielleicht ist dann der Hamburger einfach eine Bulette, die Schinken (engl. *ham*) enthält?

Eine andere Geschichte erzählt, dass der Hamburger seinen Ursprung in Mittelasien hat, wo rohes, gehacktes Rindfleisch auf den Speisezettel der Tataren gehörte. Im 14. Jahrhundert sprang die Sitte, rohes Rinderhack zu essen, vom Baltikum auf Deutschland über – vermutlich zuerst nach Hamburg. Eine andere Theorie ergänzt, dass die Hanseaten die Rindfleischmasse lieber gebraten mochten – und so die Frikadelle entstand.

Von Hamburg in die weite Welt

Dass diese ihren Weg nach Amerika über Hamburg fand, darin sind sich die Experten allerdings einig. Denn die meisten Auswanderer verließen Europa über Hamburg. Fest steht aber auch, dass sich Hamburger in Hamburg erst verspeisen lassen, seit McDonald's 1976 die erste Filiale dort eröffnet hat. Überhaupt scheint viel eher der Fast-Food-Konzern die Urheberschaft an der Lieblingsspeise der Amerikaner zu besitzen als die Hansestadt. Zumindest der weltweite Bekanntheitsgrad des beliebten Snacks ist auf McDonald's zurückzuführen, hat doch die größte Hamburgerbräterei der Welt über 30 000 Filialen in fast allen Ländern der Erde. Doch als die Fast-Food-Kette mit den goldenen Bögen dem Fleischklops und somit sich selbst zum Siegeszug durch die ganze Welt verhalf, hatte das Hackfleischgericht schon eine bewegte Geschichte hinter sich.

»Bequem ist er und vielseitig: Zwischenmahlzeit oder Hauptgericht, kulturelle Errungenschaft und Klischee vom Feinsten.«

Jeffrey Tennyson, Autor von »Hamburger Heaven«

Die Legenden ranken sich vor allem darum, wer nun die glorreiche Idee hatte, angebratenes Hackfleisch zwischen zwei Brötchenhälften zu servieren, und wer das beliebteste amerikanische Gericht letztlich »Hamburger« taufte. Sicher ist, dass Hackfleischzubereitungen sowohl in deutschen als auch in amerikanischen Kochbüchern als »Hamburger Steak« oder »Steak nach Hamburger Art« bezeichnet wurden. Diese gab es nicht nur in Restaurants, sondern vor allem bei den Vorläufern der Fast-Food-Läden, den sogenannten Lunch-Karren. Und genau solche Mobile sind nach Meinung der amerikanischen »Hamburger-Forscher« der Geburtsort des Nationalgerichts. Zu diversen Anlässen und an unterschiedlichsten Orten, oft wohl auf Jahrmärkten, sollen die zahlreichen Verkäufer ihr Hacksteak zum leichteren Verzehr in Sandwichhälften gesteckt haben. Offiziell als »Hamburger-Debüt« geben die meisten gastronomischen Geschichtsbücher die Weltausstellung 1904 in St. Louis an. Von hier berichtete ein Reporter der »New York Tribune« über ein Sandwich mit dem Namen »Hamburger« als »Innovation eines Lebensmittelhändlers am Straßenrand«. Nachdem das »Hamburger Steak« in Brothälften gewandert war und fortan nur noch »Hamburger« hieß, fing die Entwicklung zu seiner legendären Form erst richtig an.

Der Siegeszug des Hamburgers

Dem an sich puren Hackfleischklops widerfuhr durch einen gewissen J. Walter Anderson eine nachhaltige Verwandlung. Besagter Herr begann 1916, den Kloß zu kleinen Küchlein breit zu schlagen, fein geschnittene Zwiebeln darunter zu mischen und das Ganze bei hoher Temperatur beidseitig zu garen. Diese »Urform« blieb der Nachwelt auch deshalb erhalten, weil Anderson als Vater des heutigen »Fast-Food-Hamburgers« bezeichnet werden kann. So betrieb er im Jahr 1930 an die hundert Restaurants mit dem vertrauenerweckenden Namen »White Castle« – sowohl Sauberkeit als auch Sicherheit signalisierend. Die Speisekarte war genauso standardisiert wie der Service, und das Unternehmen warb vehement für sein Produkt, sodass der Hamburger in der Popularität stetig stieg. Der Verkaufshit war die Tüte mit 20 Hamburgern für einen Dollar. 1957 war die 100-Millionen-Hamburger-Marke bei der »White-Castle«-Kette erreicht, die zu der Zeit schon von Nachahmern umringt wurde.

Auf den äußerst erfolgreichen Zug der Hamburgerbräterei waren 1937 auch die irischen Brüder Maurice und Richard McDonald aufgesprungen, die elf Jahre später eine für den weiteren Werdegang des Hamburgers bedeutsame Idee hatten. Sie stellten ihre Restaurants von Bedienung auf Selbstbedienung um, d. h. von 50 auf fünf Angestellte, schafften das Besteck ab und reduzierten dabei gleichzeitig die Preise. Und das mit einem so durchschlagenden Erfolg, dass drei Jahre später über eine Million Hamburger verkauft waren, verspeist von Arbeitern, Teenagern und Familien gleichermaßen.

»Die Gunst unserer Gäste ist die Messlatte für unseren Erfolg!«

Raymond Albert Kroc, Unternehmensgründer von McDonald's

Im Jahr 1952 beschlossen die Brüder McDonald, das Selbstbedienungskonzept als Verbund von Franchiserestaurants im ganzen Land zu verbreiten. Am 15. April 1955 eröffneten sie in Des Plaines, einem Vorort von Chicago, das erste McDonald's-Restaurant. 1957 hatten sie mehr als 100 McDonald's-Restaurants. Der tüchtigste Partner der Brüder war Ray Kroc, ein ehemaliger Vertreter für Milchshakemixer. Er war derart Feuer und Flamme für das neue und lukrative Geschäft, dass er den Brüdern 1961 ihre ganze Ladenkette mitsamt dem Namen für 2,7 Millionen Dollar abkaufte. Kroc konnte mithilfe penibler Corporate Identity den Erfolg so steigern, dass seine Filialen heute die gesamte Welt umspannen und sowohl mit dem Hamburger als auch mit dem berühmten »American way of life« gleichgesetzt werden.

Das Fast-Food-Restaurant ist wie ein Brennglas der gesamten amerikanischen Kultur und hat so große Auswirkungen auf Wirtschaft (z. B. Industrialisierung der Landwirtschaft) und Gesellschaft, dass der amerikanische Schriftsteller Eric Schlosser sogar von einer wahren »McDonaldisierung« spricht.

Was als Imbiss begann, erreichte höchsten Symbolgehalt.

Wenn in Deutschland über das Verhältnis der Welt zu Amerika nachgedacht wird, geht das kaum ohne Bezug auf McDonald's oder eben den Hamburger. So formuliert ein Journalist: »Widerstand gegen Amerika ist noch immer Kulturkampf: Wir gegen McDonald's.« Was als Imbiss begann, erreichte höchsten Symbolgehalt. Der Autor des Buches »Hamburger Heaven«, Jeffrey Tennyson, beschreibt den Hamburger so: »Bequem ist er und vielseitig: Zwischenmahlzeit oder Hauptgericht, kulturelle Errungenschaft und Klischee vom Feinsten.«

Darijana Hahn

IKEA und Co.

Nordimport mit Kultstatus

Das Dreikronenland ist aus unserem Alltag nicht mehr wegzudenken: Im Wohnzimmer steht ein IKEA-Sofa, in der Garage ein Volvo ...

Typisch für Schwedens Wirtschaft, deren größter Handelspartner seit Langem Deutschland ist, sind international tätige Großunternehmen wie ABB, Electrolux, Ericsson, Saab oder Volvo-Scania. Sie stehen für ca. 60 Prozent der Beschäftigten und über 80 Prozent der Exporte. In den 1970er-Jahren gaben kulturelle und sportliche Exporthits – die Popgruppe ABBA, Björn Borg, Ingmar Stenmark – auch der Wirtschaft einen Zusatzschub. Manche Marke »made in Sweden« genießt heute Kultstatus.

»Ich rolle«: Autos »made in Sweden«

Vierrädrig kommt ein ganz besonders robuster Schwede daher: »Volvo«, aus dem Lateinischen »Ich rolle«. Der erste, »ÖV4«, auch liebevoll »Jacob« getauft, rollte am 14. April 1927 aus dem Werk in Lundby bei Göteborg. »Jacobs« Daten: Vierzylindermotor mit 2000 Umdrehungen/Min. und 28 PS, stabiles Fahrgestell und Starrachse, bis zu 90 km/h schnell. »Jacobs« Väter waren Assar Gabrielsson und Gustaf Larson. Der Betriebswirt Gabrielsson hatte seine Laufbahn bei Svenska Kullagerfabriken (SKF) in Göteborg begonnen. Bei einem Arbeitsaufenthalt bei SKF in Frankreich erkannte er, dass sich schwedische Kugellager in Europa billiger verkaufen ließen, als dies die US-Hersteller konnten. Ein Grund waren die im Vergleich niedrigen Industriearbeiterlöhne in Schweden. Damals war es bei der Automobilherstellung üblich, aus Industriekatalogen Komponenten auszusuchen, diese einzukaufen und zu einem Auto zusammenzubauen. Die Qualität war wohl nicht berauschend, denn viele Automarken hatten ein nur kurzes Dasein. Den Volvo-Gründern lag besonders an Qualität. Ihre Idee war, selbst ein Auto zu konstruieren, die Teile zu zeichnen und Zulieferer auszuwählen, die die Teile fertigten. Die Montage übernahm erfahrenes eigenes Personal.

Den Volvo-Gründern lag besonders an Qualität.

1923 kehrte Gabrielsson nach Schweden zurück und wurde Verkaufsleiter bei SKF. Dort traf er auf den Techniker und Konstrukteur Gustaf Larson, der u. a. beim englischen Motorenkonstrukteur Morris gearbeitet hatte. Im Sommer 1924 jedenfalls brüteten die beiden über dem Projekt einer gemeinsamen Automobilproduktion und begannen in ihrer Freizeit mit Konstruktionsarbeiten. Als Zeichenbüro diente das Kinderzimmer in der larsonschen Wohnung ... 1926 waren erste Zeichnungen des Fahrgestells fertig, neun Monate später zehn Probewagen gebaut. Sie sollten potenzielle Finanziers überzeugen, und das taten sie: SKF stellte nun Garantien und Kredite für eine erste Serie von 1000 Fahrzeugen sowie Werkhallen und den Namen: »AB Volvo« – Aktiengesellschaft Volvo. Vor »Jacobs« Premiere stand übrigens eine hektische Arbeitsnacht, hatte man doch feststellen müssen, dass der Achsantrieb falsch montiert worden war und der Wagen nur rückwärtsfuhr! Aber am 14. April 1927 rollte der »ÖV4« ordnungsgemäß durch die Fabriktore ...

Vor »Jacobs« Premiere stand eine hektische Arbeitsnacht, da der Achsantrieb falsch montiert worden war und der Wagen nur rückwärts fuhr!

Im ersten Jahr wurden 297 der offenen Wagen (»ÖV« steht für »Öppen Vagn«) als erste seriengefertigte Volvo-Pkws für je 4800 skr verkauft. In diesem Jahr begann Volvo auch mit dem Bau kleinerer Lieferwagen auf Basis des »Jacob«-Fahrgestells, und diese dominierten zunächst die Produktion. 1928 etablierte Volvo eine erste Auslandsfiliale in Finnland, 1935 erfolgte der Gang an die Stockholmer Wertpapierbörsc. Seither expandierte das Unternehmen in Europa, Amerika und Asien und stellt heute die größte Industriegruppe der nordischen Länder.

Billy und Ivar : Möbel »made in Sweden«

Die Heimat eines anderen recht ideenreichen Unternehmens ist Småland, historisch gesehen die ärmste Region Schwedens. Dort zwingt die karge Natur die Menschen zu Sparsamkeit und Einfallsreichtum, und dort wird 1926 Ingvar Kamprad, der Gründer von »IKEA«, geboren. Auf dem elterlichen Hof Elmtaryd beim Dörfchen Agunnaryd, einige Kilometer von Älmhult, betätigt sich schon der kleine Ingvar als Geschäftsmann: »Zunächst verkaufte er per Fahrrad Streichhölzer an Nachbarn. Bald fand er heraus, dass er Streichholzpäckchen in großen Mengen sehr billig aus Stockholm beziehen konnte. Später verkaufte er auch Fisch, Christbaumschmuck, Samen, Kugelschreiber und Bleistifte ...« – so die Firmenlegende. Nicht erstaunlich also, dass der 17-jährige Ingvar nach der Realschule 1943 gleich ein eigenes Unternehmen gründet. Der Onkel unterschreibt als Vormund, und für zehn Kronen wird IKEA ins Handelsregister eingetragen. Der Name steht für die Initialen des Gründers (I. K.) und für die des elterlichen Hofes. Von Älmhult aus werden bis heute die Sortimentsgestaltung, die Qualitätskontrolle und die Katalogproduktion für IKEA-Häuser auf der ganzen Welt gesteuert.

Die ersten IKEA-Produkte wurden über den Milchwagen der Gemeinde vertrieben.

1943 war IKEA zunächst noch eine Versandfirma für diverse Waren. Der Umschwung kam 1950 mit der ersten Auslandsreise. In Paris entdeckte Kamprad die vielen Möglichkeiten, die sich außerhalb Smålands boten. Wieder zurück, änderte er die Verkaufstaktik: Kein Verkauf mehr von Tür zu Tür; nun wurden erste Anzeigen in der Lokalpresse geschaltet und mit einem provisorischen Versandkatalog gearbeitet. Die Produkte vertrieb Kamprad über den Gemeindemilchwagen, der sie zur nächsten Bahnstation beförderte. Im Jahr darauf tauchten die ersten Möbel in Kamprads Katalog auf. Da viele beschädigt beim Kunden ankamen, wurden sie in Einzelteile zerlegt und mit Aufbauanleitung in flache Pakete verpackt. Das Konzept löste massiven Widerstand beim etablierten Möbelhandel aus. IKEA wurde von der großen Möbelmesse in Stockholm ausgeschlossen, seinen Lieferanten mit Boykott gedroht. Die Kunden aber strömten in Scharen.

In Älmhult errichtete IKEA 1953 eine ständige Möbelausstellung, wo die Kunden das Sofa ihrer Wahl gleich mitnehmen konnten. Die Versandkosten entfielen, der Preisvorteil wurde an die Kunden weitergegeben. Dazu offerierte man als Transporthelfer Auto-Dachgepäckträger zum Selbstkostenpreis – IKEA, wie man es heute kennt. 1958 wurde das erste Möbelhaus in Älmhult gebaut, ein Jahr später gab es dort das erste IKEA-Restaurant.

»Wohnst du noch, oder lebst du schon?«

IKEA-Werbeslogan

Fünf Jahre darauf war IKEA in Norwegen präsent, und 1965 eroberte es Stockholm. Das in Kungens Kurva errichtete Möbelhaus, nach Vorbild des Guggenheim-Museums in New York gestaltet, war das größte seiner Art in Europa. Heute flattert die blaugelbe IKEA-Fahne an 260 Einrichtungshäusern in 35 Ländern. Und überall knien »IKEANER« zu Hause erwartungsfroh bis panisch vor diversen Möbelteilen und Schraubentütchen ...

Andreas Rüdig

Jeans

Die Unverwüstliche

Belastbar und robust war die Hosenneuheit, die sich Levi Strauss 1873 patentieren ließ. Ob als Goldgräberkluft, Rebellenoutfit oder Designerklamotte – die Jeans hat alles lässig überstanden ...

Sie ist weit mehr als eine Hose – sie verkörpert ein Stück Lebensgefühl, weitgehend erhaben über Zeitgeist und wechselnde Moden. Obwohl sie millionenfach hergestellt und weltweit verkauft wird, fühlt sich ihr Träger jung und individuell. Der Mythos Jeans ist so unverwüstlich wie der Stoff, der ihr einst zum Durchbruch verhalf.

Er war erst 24 Jahre alt und im Tuchgeschäft seiner beiden älteren Halbbrüder in New York tätig, als ihn der Lockruf des Goldes ereilte. Wie zehntausende andere Abenteurer, die nach Kalifornien aufbrachen, um das begehrte Edelmetall zu finden, wollte auch der junge Einwanderer Levi Strauss im Jahre 1853 im Wilden Westen sein Glück machen. Aber nicht als Goldschürfer, sondern als Tuchhändler.

Eigentlich war er ein Franke. Als Löb Strauß war er am 26. Februar 1829 in Buttenheim bei Bamberg als Sohn eines jüdischen Händlers auf die Welt gekommen. Nach dem Tode des Vaters im Jahr 1847 folgte die Mutter gemeinsam mit ihm und seinen zwei Schwestern ihren Stiefsöhnen nach New York. Löb nannte sich nun Levi und glaubte fest an die »unbegrenzten Möglichkeiten« in diesem Land. So machte er sich 1853 mit einigen Ballen Stoff, Leinwand sowie Segeltuch im Gepäck auf den beschwerlichen Weg nach San Francisco und gründete hier ein Handelshaus. Das Geschäft lief ziemlich schlecht. Eines Abends, so will es die Legende, habe er im Saloon die lautstarke Klage der Goldgräber verfolgt, die sich bitter darüber beschwerten, dass ihre Tuchhosen fürs Schürfen nicht taugten. Die Nähte würden ständig reißen, die Knie seien rasch durchgewetzt und der Stoff hinge in Fetzen herab.

Strauss erkannte: Nichts brauchten die Glücksritter dringender als eine nahezu unverwüstliche Hose. Er entwarf eine Arbeitshose, eine Art Overall mit einem breiten Latz und Trägern, die hinten am Bund befestigt wurden. Statt der üblichen Seitentaschen gab es vorne und am Gesäß aufgesetzte Taschen. Danach beauftragte er einen Schneider, aus seinem Segeltuch eine derartige Hose anzufertigen, für die er prompt einen Kunden fand. Zwar war die Hose recht grob und steif, doch ihr erster Träger zeigte sich so angetan, dass er überall diese Erfindung des Levi Strauss anpries. Schon bald rissen sich die Männer um die Hose, die wie keine andere den harten Anforderungen gewachsen war: Die »Levi's« war geboren.

Ausgerechnet eine Hose von der Stange, die überall auf der Welt gleich aussah, wurde zu einem Symbol der Individualität und Unangepasstheit.

Levi Strauss, der am 26. September 1902 im Alter von 72 Jahren als reicher und angesehener Mann starb, prägte noch zu Lebzeiten das klassische Aussehen der Hose: Weil die aufgesetzten Taschen immer wieder rissen, wurden die Nähte mit rostfreien Kupfernieten verstärkt. Anstelle des bleichen steifen Segeltuches verwendete er ein ebenso strapazierfähiges Tuch, das im französischen Nîmes nach einem speziellen Verfahren gewebt wurde, »Serge de Nîmes«, von den Amerikanern zu »Denim« verballhornt. Das Wort »Jeans« stammt vom französischen »Gênes« für Genua ab und bezeichnete die vor allem von Seeleuten getragenen »Genueser« Hosen. Strauss ließ den Stoff mit Indigoblau einfärben, weil das die Hosen weniger schmutzempfindlich machte. Die »Bluejeans« wurde zum Markenzeichen. Auf beide Gesäßtaschen nähte er einen Doppelnahtbogen auf, der an die Schwingen des »American eagle« erinnern sollte. Seit 1886 erhielt jede original Levi's zusätzlich ein Lederetikett, darauf zwei Pferde, die versuchen, eine Jeans zu zerreißen, was ihnen aber nicht gelingt ... Nach der Nummer des Stoffballens bekamen die Originaljeans ihren Namen: 501.

Jeans – Symbol der Individualität und Unangepasstheit

Der Goldrausch verebbte, die Jeans blieb. Cowboys fanden eine eigene Methode, die Hose passend zu machen: Sie legten sich mit ihren Jeans in den Fluss, bis der Stoff eng am Körper anlag. Dann ließen sie den Denim von der Sonne trocknen – die Hose saß. Und es galt der alte Slogan: »Old Levi's never die, they just fade away« – »alte Levi's sterben nicht, sie bleichen nur aus.« 1935 entdeckten die Modedesigner der Ostküste die unverwüstlichen Klamotten aus dem blauen Baumwollstoff für die Freizeit. Gesellschaftsfähig waren sie aber nicht. Importiert von amerikanischen Soldaten, zu deren Standardausrüstung sie gehörte, sollte die Jeans dann im Europa der Nachkriegszeit zum Kultobjekt werden. Rockmusiker oder Filmstars wie James Dean wurden in ihren Jeans zu Symbolfiguren der revoltierenden Jugend gegen den kleinbürgerlichen Mief der Eltern. »Denim«, schrieb der Modeessayist Ian Finlayson, »war der natürliche Stoff für eine neue, klassenlose, transatlantische Kultur, die sich auf Jugend und Aggressivität stützte.« Es ging darum, »sich amerikanisch zu fühlen«.

Obwohl einwandfrei proletarischer Herkunft, gerieten die Nietenhosen auch in den Ost-West-Konflikt des Kalten Krieges.

Paradox: Ausgerechnet eine Hose von der Stange, die überall auf der Welt gleich aussah, wurde zu einem Symbol der Individualität und Unangepasstheit. In den 1960er-Jahren waren Jeans die Standardkluft einer nonkonformistischen Jugend: Die Hippies trugen sie ebenso wie die gegen den Vietnamkrieg demonstrierenden Achtundsechziger; beim legendären Woodstock-Konzert, beim Protestmarsch, im Hörsaal oder in der Kommune, die Jeans war immer mit dabei, Uniform der vermeintlich Ununiformierten, Antimode der Bürgerschrecks, Outfit der Rebellen, die von der klassenlosen Gesellschaft träumten.

Die Jeans gerieten auch in den Ost-West-Konflikt des Kalten Krieges. Obwohl die Nietenhosen einwandfrei proletarischer Herkunft waren, sahen die kommunistischen Parteifunktionäre rot, als die blauen Hosen in Osteuropa auftauchten. In der DDR wurden sie als »Kuhtreiberhosen« diffamiert, Jeansträger gerieten automatisch in den Verdacht, Westsympathisanten und Verräter zu sein. Aufhalten konnten die Machthaber in Moskau, Budapest und Ostberlin den Hosensiegeszug nicht. Wer Westkontakte hatte, kam ohnehin an die begehrten Röhren, westeuropäische Kommunisten brachten sie kofferweise zu Konferenzen in den Ostblock mit. Schließlich wurde die Produktion in Lizenz erlaubt, was im Westen als »Triumph der Bluejeans über den Roten Stern« gefeiert wurde.

Sie ist weit mehr als eine Hose –
sie verkörpert ein Stück Lebensgefühl.

Ab den 1970er-Jahren stehen diverse Jeansformen für die jeweilige Weltsicht: die gerade geschnittenen Hosen der Beatniks, die »psychedelischen« Hüftjeans »mit Schlag« und indischen Verzierungen oder die zerrissenen Exemplare der Punks. Nun vereinnahmte auch die Modeindustrie die Rebellenkluft und brachte gezähmte »Consumer-Modelle« auf den Markt, je nach Trend als »Karotte« oder »Röhre«, und Designer von Calvin Klein bis Valentino bereicherten ihre Kollektion um »Edeldenim«. Jeans gab es nun in allen Formen, Farben und Preislagen, doch die »501« von Levi's blieb bis heute der Klassiker.

Die Zeiten scheinen endgültig vorbei, als das Tragen einer Jeans mit einer wie auch immer gearteten Botschaft verbunden war. Jeder trägt sie, die bürgerlich gewordenen Alt-Achtundsechziger, ihre alternativ angehauchten Kinder und ihre trendigen Enkel. Aus der einstigen Goldgräberkluft ist ein Alltagsstück geworden. Nur die Werbung hält noch fest am Mythos von Freiheit und Rebellion …

Karin Schneider-Ferber

Kartoffelchips

150 Jahre Knabberspaß

Ihr Charme ist einfach unwiderstehlich:
Goldbraun und knusprig lugen sie aus der Tüte,
peppig gewürzt und hauchzart geschnitten animieren sie
zum Zugreifen. Kein Fußballspiel, kein Krimi im TV, keine Party
ohne die verführerische Veredelung der Kartoffel ...

Kartoffelchips sind beliebt bei jedermann, ob Groß, ob Klein. Überspitzt formuliert: Der moderne Mensch kennt die kleine braune Knolle fast nur noch als Knuspersnack, denn von den 75 Kilogramm Kartoffeln, die der Bundesbürger pro Jahr verspeist, sind 40 Prozent industriell verarbeitete Produkte wie Pommes frites oder eben Chips. Ein amerikanischer Küchenchef erfand die Knusperscheibchen vor 150 Jahren.

Kartoffeln – Die »Trüffeln des armen Mannes«

Victor Hugo

Für den jungen Koch George Crum war der Anlass zu seiner Kreation allerdings wenig spaßig: In seinem Hotelrestaurant im kleinen Badeort Saratoga vor den Toren New Yorks saß ein unbequemer Gast. Der Eisenbahnkönig Cornelius Vanderbilt hatte ganz eigene Vorstellungen von gut frittierten Pommes frites. Mehrmals schickte er die Kartoffelsticks in die Küche zurück, weil sie ihm zu dick waren. Da packte den Koch die Wut: Er schnitt die Kartoffeln in hauchdünne Scheiben und tauchte sie in siedendes Öl. Zu seinem Erstaunen war der Gast hellauf begeistert, und die knusprigen *potato crisps* wurden der Renner der Saison.

In Frankreich nannte man die neue Spezialität nach einem alten französischen Goldstück *Liard*, und 1920 entwickelte der Brite Frank Smith eine pfiffige Verkaufsidee: In einer Londoner Garage schnippelte er mit seiner Frau eifrig Kartoffeln, füllte die frittierten Scheiben in Pergamentpapiertüten und fuhr sie per Ponywagen aus – mit großem Erfolg! Im Jahr darauf stellte Smith zwölf Mitarbeiter ein und bezog ein Fabrikgebäude. Für die Würze fügte er den Chipstüten eine kleine Portion Salz zum »Salzen und Schütteln« bei. Der Knabberspaß fürs Volk war geboren; die braune Knolle hatte erneut ihre Vielseitigkeit bewiesen.

Von den Neuen in die Alte Welt – Der weite Weg der Kartoffel

Vor über 8000 Jahren hat der Mensch diese Frucht, die ein verdickter Teil des Wurzelstammes ist, für sich entdeckt. In den Anden wuchsen die Knollen wild und wurden von der indianischen Urbevölkerung gesammelt; etwa 3000 Kartoffelarten sind aus den Anden bekannt. Die Inkas perfektionierten mit kunstvollen Bewässerungsanlagen den Anbau der *papas*, die selbst bei Frost und in Höhen von bis zu 4000 Metern gediehen, und sie kreierten auch erste Fertigprodukte: Um das nährstoff- und vitaminreiche Gemüse haltbar zu machen, wurde es dem Nachtfrost ausgesetzt, dann mit den Füßen zerstampft und an der Sonne getrocknet. Diese Art Trockenpüree wurde zur Zubereitung einer sämigen Suppe, dem *chuno*, verwendet.

»Ich bin sicher, dass der Siegeszug der Kartoffelchips noch mindestens 150 Jahre anhalten wird!«

»Intersnack«-Geschäftsführer Werner Wolf

Bis heute ist nicht ganz geklärt, auf welchen Wegen die Kartoffel nach Europa gelangte. Mit den Gold- und Silberschätzen der »Neuen Welt« erreichte sie ab dem Jahr 1550 wohl eher zufällig den spanischen Königshof. Die Mönche von Sevilla pflanzten sie zur Versorgung ihrer Spitalinsassen an. In Italien, wo die exotische Pflanze vor 1587 angebaut wurde, erhielt sie den schmückenden Namen *tartufoli*, »Trüffel«. In der deutschen Abwandlung wurde daraus *tartuffel*, *artoffel*, »Kartoffel«. Auch die englischen Seefahrer Francis Drake und Walter Raleigh brachten Kartoffelpflanzen von ihren Reisen mit. Drake ließ sie in der amerikanischen Kolonie Virginia anbauen; Raleigh führte sie in Irland ein. Doch noch war die Kartoffel eine

Rarität und meist für königliche und botanische Gärten bestimmt. Wegen ihrer Blüten wurde sie mehr als Zierpflanze denn als Nahrungsmittel geschätzt. Am französischen Hof, wo Ludwig XVI. in Rambouillet elf Kartoffelsorten anbauen ließ, steckte man sich die Blüten ins Knopfloch oder, wie Marie Antoinette, ins Haar. Auch als Heilmittel wurde die Kartoffel geschätzt: Philipp II. von Spanien sandte dem Papst Kartoffeln gegen dessen Gicht und führte sie damit in die Vatikanischen Gärten ein.

*In Pergamentpapiertüten abgefüllt
und per Ponywagen ausgefahren,
wurden die potato crisps zum Renner der Saison.*

Gegen Ende des 18. Jahrhunderts hatte sich die Pflanze aus dem Inkareich in ganz Europa verbreitet, vor allem als Delikatesse an königlichen Tafeln. Das Volk aber blieb skeptisch. Ihre Zugehörigkeit zu den Nachtschattengewächsen brachte die Knolle in Verruf. Sie galt als »Teufelszeug«, als Verursacherin von Rachitis, Schwindsucht und Syphilis. Und zum Ärger der Bauern fügte sich die Kartoffel als Hackfrucht schlecht in das System der Dreifelderwirtschaft ein. Erst der Druck der Obrigkeit verhalf ihr zum Durchbruch. So ließ Friedrich II. von Preußen kostenlose Saatkartoffeln verteilen und machte 1756 den Kartoffelanbau sogar zur Pflicht. Für die rasch wachsende Industriebevölkerung wurde die zweimal im Jahr zu erntende, gut lagerfähige Kartoffel bald so unentbehrlich wie Brot. Um 1900 verspeiste jeder Deutsche ca. 285 Kilogramm Kartoffeln im Jahr! Sie wurden zu den »Trüffeln des armen Mannes«, wie der Dichter Victor Hugo bemerkte. Mit steigendem Wohlstand geriet die Kartoffel als Armeleuteessen etwas ins Hintertreffen. Doch ihre Vielseitigkeit – als Püree, ausgebacken als Pommes frites oder Kroketten, gedünstet oder im Ofen gegart – sicherte ihr Überleben.

Vom Armeleuteessen zum Knabberspaß für Millionen

Nach dem Zweiten Weltkrieg entdeckte die Nahrungsmittelindustrie die Raffinessen der Kartoffel. In den 1920er-Jahren hatte die Erfindung der Kartoffelschälmaschine den Weg zur industriellen Herstellung von Kartoffelprodukten geebnet. Schon die Auswahl der Kartoffeln nach Größe, Stärke- und Wassergehalt wirkte sich auf die Qualität des Endproduktes aus. Beim Frittieren hatte sich der Zuckergehalt der Kartoffel als störend erwiesen, denn er konnte zu einer hässlichen Braunfärbung des frittierten Materials führen. Die geschälten und in Scheiben geschnittenen Kartoffeln mussten daher unter fließendem Wasser nochmals gewaschen werden, um sie von der Stärke zu befreien. Mit dem heutigen voll technisierten Verfahren, bei dem die Chips in Durchlauffritteusen in Pflanzenöl gebacken werden, lassen sich pro Stunde rund 1,5 Tonnen der goldbraunen Kracher produzieren. Da der Veredelungsvorgang der Kartoffel viel Wasser entzieht, sind für ein Kilogramm Chips fünf Kilogramm Rohknollen nötig.

In Deutschland startete Heinz Flessner 1951 mit der »Stateside Potato Chip Company« ins Zeitalter des Knabberspaßes. Der Ingenieur baute in Neu-Isenburg Europas erste automatische Chipsanlage und belieferte von hier aus die in Deutschland stationierten amerikanischen Soldaten. 2002 wurden weltweit über 30 Milliarden US-Dollar durch den Verkauf von Kartoffelchips umgesetzt; davon allein in Deutschland fast 400 Millionen Euro. Die Deutschen knabbern jährlich rund 72 000 Tonnen – was einem durchschnittlichen Pro-Kopf-Verbrauch von 880 Gramm pro Jahr entspricht. »Intersnack« – Deutschlands Nummer eins bei Knabberartikeln – ist mittlerweile zum zweitgrößten Kartoffelchip-Hersteller Europas avanciert und verkauft seine Produkte in über 70 Ländern auf fünf Kontinenten.

Karin Schneider-Ferber

Kölnisch Wasser

Die Erfrischungsnummer

»4711« – diese vier Ziffern stehen für das bekannte Duftwasser aus Köln. An der Karriere des »Eau de Cologne« beteiligt waren ein Bräutigam, ein Mönch und nicht zuletzt Napoleon ...

Man schreibt den 8. Oktober 1792. Im Haus des Burgverwalters und Schöffen Jacob Mülhens wird Hochzeit gefeiert: Sein Sohn Wilhelm hat sich mit Catharina Josepha Moers verehelicht. In die illustre Kölner Gratulantenschar reiht sich auch ein Kartäusermönch namens Franz Maria Farina ein und überreicht sein Präsent: eine kleine Flasche mit der Aufschrift »Aqua mirabilis«. Das »Wunderwasser« – oder nach einer variierten Überlieferung dessen Rezeptur – sollte sich als wertvollstes Geschenk erweisen, wurde es doch später als »Echt Kölnisch Wasser« und dann schlicht als »4711« weltbekannt.

Friedrich der Große und Königin Victoria bestellten regelmäßig das duftende »Wasser« aus Köln.

Der Ordensbruder war ein Großneffe des italienischen Einwanderers Giovanni Paolo de Feminis, der Ende des 17. Jahrhunderts in Köln ein Destillat aus Alkohol und Blütenölen hergestellt und als Allheilmittel angepriesen hatte. Auf die Haut aufgetragen, inhaliert oder getrunken, half es angeblich sogar gegen die Pest. Als Feminis im Jahr 1736 starb, hinterließ er kein schriftliches Testament, vertraute jedoch der verwandten Familie Farina das Fabrikationsgeheimnis an. Die Farinas, gleichfalls italienischer Herkunft, waren seit 1709 ebenfalls im Geschäft mit »Kölnisch Wasser« tätig. Nicht zuletzt dank des ererbten Rezepts wurden sie zum führenden Fabrikanten von Eau de Cologne, wie sich das Produkt – der vornehmen französischen

Lebensart angepasst – bald nannte. Friedrich der Große und Voltaire, Napoleon und Königin Victoria von England zählten zu den begeisterten Kunden der Firma »Johann Maria Farina gegenüber dem Jülichs-Platz« in Köln. Der junge Mülhens indes wurde durch das Mönchspräsent angeregt, selbst in die »Wunderwasser«-Produktion einzusteigen. Geschäftstüchtig genug war er allemal. Neben der neuen »Aqua-mirabilis«-Manufaktur handelte Mülhens mit allem, was die Wirtschaftsmetropole Köln hergab. Bald konzentrierte er sich aber ganz auf den profitablen Handel mit Kölnisch Wasser aus Eigenproduktion. 1796 erwarb er ein Haus in der Glockengasse/Ecke Schwertnergasse. Die kaiserliche Postkutschenstation auf der gegenüberliegenden Straßenseite begünstigte den Vertrieb seines Produktes, denn auch damals beglückten Reisende die Lieben daheim mit einem Souvenir. Der den länglichen Medizinfläschchen, den sogenannten »Rosolen«, beigefügte »Wasserzettel« erläuterte Anwendungsmöglichkeiten und Beschaffenheit des Destillats. Die Etikettierung des ursprünglichen Allheilmittels als Duftwasser war einem Dekret Napoleons gefolgt. Dieser hatte 1810 verfügt, dass Rezepturen für Arzneimittel veröffentlicht werden mussten. Monsieur Mülhens reagierte klug: Auf den um die Rosolen gewickelten »Beipackzetteln« stand nun zu lesen, dass es sich um ein belebendes Duftwasser handle, trefflich geeignet zur Erfrischung auf Reisen; von einer Medizin war nicht mehr die Rede.

Die stimulierende Wirkung von Eau de Cologne schien gerade auf die kreativen Geister des 19. Jahrhunderts besonders zu wirken: Goethe und Wagner waren Großabnehmer des Destillats.

Was aber hatte Napoleon mit der Kölner Wirtschaft zu schaffen? Nun, 1801 hatte sich Frankreich die Rheinstadt einverleibt. Zum historischen Hintergrund: Als außenpolitisches Echo der Französischen Revolution 1789 brachen im Jahre 1792 die sogenannten Koalitionskriege aus, in denen Frankreich sich einer wechselnden Allianz europäischer Monarchien gegenübersah. Die französischen Truppen besetzten die südlichen habsburgischen Niederlande und machten sich dann in Richtung Rhein auf gen Preußen. Am 6. Oktober 1794 besetzten die Einheiten Köln. 1815, nach dem Wiener Kongress, kam Köln unter preußische Herrschaft.

Wie das Duftwasser aus Köln zu seinem Namen kam

Dem Produkt Kölnisch Wasser bekam die Franzosenzeit gut. Nicht nur die Wandlung zum Duftwasser, auch das Markenzeichen entstand in der Besatzungszeit. Da die Revolutionsbürokraten mit den schönen alten deutschen Haus- und Straßennamen nichts anfangen konnten, ordnete 1796 der französische Kommandant Daurier an, alle 7440 Häuser der Stadt fortlaufend zu nummerieren. Soldaten markierten über jeder Haustür die Zahl – Mülhens' Haus in der Glockengasse erhielt die Nummer »4711«. Diese Ziffernfolge, 1847 als Warenzeichen eingetragen, wurde zum Markenzeichen.

Anfangs vertrieb Mülhens sein Produkt unter dem Namen Farina; 1881 – in der dritten Firmenbesitzergeneration – musste der Name nach einem gegen die Firma Farina verlorenen Prozess geändert werden. Nun lautete die Unternehmensbezeichnung: »Eau de Cologne Parfümerie Fabrik Glockengasse No. 4711 gegenüber der Pferdepost von Ferdinand Mülhens«. Erst 1990 wurde der Firmenname in »Muelhens GmbH & Co. KG« umbenannt. 1994 wurde das Haus an die »Wella AG« verkauft, deren Tochterfirma »Cosmopolitan Cosmetics GmbH« 1997 die Marke »4711« übernahm. Man versuchte, vom Image »schwaches Düftchen für ältere Damen« weg zu kommen. »Echt Kölnisch Wasser« wurde wieder als Erfrischungsmittel angepriesen, nicht mehr als Duft, und inzwischen liegt der »Wachmacher« wieder im Trend. Die stimulierende Wirkung von Eau de Cologne ist übrigens tatsächlich pharmakologisch nachweisbar.

Eine kleine Flasche mit der Aufschrift »Aqua mirabilis« sollte sich als wertvollstes Geschenk erweisen.

Was ist nun drin im charakteristischen Fläschchen mit türkis-goldenem Etikett? Die genaue Rezeptur ist natürlich Firmengeheimnis, aber letztlich kann jeder Chemiker eine Flasche »4711« erstehen und analysieren. Die Essenz besteht im Wesentlichen aus ätherischen Ölen von Blüten und Früchten der Zitrusfamilie, dazu etwas Rosmarin, Lavendel und Neroli. Aufgefüllt mit reinem Alkohol (86 Prozent), reift die Komposition in Eichenholzfässern mehrere Monate, bis sie ihr typisches Bukett entfaltet.

Und das schien gerade auf die kreativen Geister des 19. Jahrhunderts besonders zu wirken: So bat der Dichterfürst Goethe am 9. Mai 1802 in einem

Schreiben an den Kölner Maler Hofmann, er möge ihm »ein Kästchen mit sechs Gläsern Eau de Cologne« senden, weil er, gerade »in den Verwirrungen der Zeit, recht wohl zu leben wünsche«. Ein Großabnehmer des Destillats war Richard Wagner. 1879 orderte er bei der Firma: »Ich rechne für den Monat etwa ein Littre: Schicken Sie für ein 4tel Jahr 3 Littre, so wollen wir sehen, wie es sich auskommt.« Zu Ehren des Komponisten kreierte man übrigens 1925 die Parfümflasche »Gral« in Form einer Ritterburg mit Lichtkreuz und Lichtschwert! Um 1850 war »4711« so gefragt, dass in New York und Riga eigene Manufakturen errichtet wurden, und im Jahr 1900 betrug der Export über 200 000 Liter. Mülhens' erfrischende mönchische Mitgift trotzte in der Folge den Einbrüchen durch die beiden Weltkriege und ist im typischen Blau-Gold-Gewand bis heute ein Inbegriff des »Made in Germany«.

Harry D. Schurdel

Korkenzieher

Das Ding mit dem Dreh

Als die Winzer begannen, ihren Wein in Glasflaschen abzufüllen, hatten Tüftler ein neues Problem zu lösen: Welches ist die einfachste, die effektivste und die eleganteste Methode, den Korken aus der Flasche zu ziehen?

Welche Verehrung verdient der Weltenschöpfer, der gnädig, als er den Korkbaum schuf, gleich auch den Stöpsel erfand!«, so huldigte Goethe 1786 in den »Xenien« dem Korkpfropfen. Man könnte anfügen: »Die Erfindung des Korkenziehers aber war Menschenwerk.«

Angefangen hat alles mit dem Wein. Die alten Griechen verschlossen ihre Amphoren oder Dolien für den Rebensaft mit Tonpfropfen, die sie mit Lehm, Harz oder Gips verklebten. Die Römer verfuhren ähnlich. Sie nannten das Verfahren *gypsare*. Zum Öffnen der Gefäße musste der Stöpsel aufgebrochen werden. Zwar erwähnten schon Cato, Horaz und Columella Pfropfen aus der Korkeichenrinde, systematische Verwendung fanden diese aber erst viel später jenseits der Alpen, in Gallien.

> *»Welche Verehrung verdient der Weltenschöpfer, der gnädig, als er den Korkbaum schuf, gleich auch den Stöpsel erfand!«*
>
> **Johann Wolfgang von Goethe in den »Xenien«**

Je mehr Wein in Glasflaschen abgefüllt wurde, desto weiter verbreiteten sich die pech- oder harzgepichten Korken. Bei Großjena an der Unstrut fand man derart verkorkte Flaschen aus dem Jahr 1678, die noch Wein enthielten. Als im 18. Jahrhundert dann *bouteillen* mit langem Hals und kleiner Öffnung in großer Zahl in Gebrauch kamen, setzte sich der Korken endgültig durch.

Der Pfropfen schützt den Saft der Reben vor Verunreinigung, schließt ihn luftdicht ab und verhindert sein Auslaufen oder Verdunsten. Gleichzeitig soll das Entkorken ohne großen Kraftaufwand möglich sein. Holzstocher oder metallene Ahlen mit Widerhaken hatten sich dafür als wenig geeignet erwiesen – das Entkorken war damit recht mühsam. Unbekannte Genießer machten sich Gedanken, wie dem abzuhelfen sei. Sie brachten die Ahle in Spiralform und versahen sie mit einem Querholz, einer Zugöse oder »Harfe« – das Urmodell des heute noch üblichen Korkenziehers war erfunden.

Der Korkenzieher schreibt Alltagsgeschichte

Bald sprudelten neue Ideen. Allein sieben Spiralformen wurden entwickelt: archimedisches Gewinde, Scharfgewinde, abgeflachtes Scharfgewinde, Rundgewinde, Rundgewinde mit Schnurr-Rille, geschärftes Rundgewinde und steiles Scharfgewinde. Um den Kork nicht so stark zu beschädigen, dass Brösel in den edlen Saft fallen, muss die Spirale gerade in den Korken eindringen. Dafür sorgt die »Seele« des Gewindes. Mit dem Zungenkorkenzieher aus zwei dünnen Metallstreifen oder – wie beim lewschen Patent – zwei Stahlnadeln, die man zwischen Pfropfen und Flaschenhals schiebt, bleibt der Kork sogar unverletzt; unter Drehen bei gleichzeitigem Ziehen lässt er sich leicht herauswinden. Auch die »Glocke«, die auf dem Flaschenhals aufsitzt, verringert den Kraftaufwand. Ähnlich wirkt die Spannung einer Stahlfeder, die beim Hineindrehen der Spirale zusammengepresst wird. Scherengelenk, Zahn- oder Gegengewindestange, Kurbel, Kluppe und Nocke sowie ein- bzw. beidseitig angeordnete Hebel waren weitere Schritte der Entwicklung. Und für die sehr fest sitzenden Sektkorken wurde eigens eine Zange erfunden.

Die technischen Varianten waren damit fast erschöpft – der Material- und Formenvielfalt hingegen waren keine Grenzen gesetzt. Je edler die Herkunft des Weins, desto eindrucksvoller sollte auch der Korkenzieher sein: Ornamente, Standes- oder Tiersymbole, figurative und erotische Motive wurden aus Messing, Stahl, Gusseisen und Metalllegierungen hergestellt – ziseliert, vernickelt oder verchromt. Griffe wurden aus Edelholz, Horn oder Elfenbein gefertigt. Flakons für pharmazeutische und kosmetische Essenzen waren früher ebenfalls verkorkt; die winzigen Stöpsel wurden mit Miniaturkorkenziehern entfernt.

In England, wo der Nachschub vom Festland oft durch Seekriege unterbrochen war, legte man große Weinvorräte an. Um die Korken vor Fäulnis, Insekten und Bakterien zu schützen und den ungetrübten Weingenuss zu erhalten, versiegelte man die Stöpsel mit Blei, Lack oder Stanniol. Welch ein Horror aber, wenn beim Öffnen der Flasche dann Staub, Spinnweben oder Kapselteile in den Wein gerieten! Zur vorbeugenden Reinigung erfanden die Engländer eine Art Rasierpinsel, dessen Schaft, mit der Spirale verbunden, zugleich als Dreh- und Zuggriff diente. Auch in Sachen Patent hatten englische Tüftler die »Weinnase« vorn: 1795 erhielt der Korkenzieher eines Sir Henshell unter der Nummer 2061 als Erster diese Schutzurkunde.

Das Quietschen, wenn der Korken aufsteigt,
und das Schnalzen, wenn er die Flasche verlässt,
sind eine Hymne auf den Korkenzieher
und das Signal für bevorstehende Gaumenfreuden!

Deutsche Patente sind erst aus dem 19. Jahrhundert bekannt: so 1883, unter der Nr. 20 815, ein Korkenzieher von Karl Wienke aus Rostock. 1892 ließ Eduard Müller, Fabrikant feiner Stahlwaren in Solingen, als Deutsches Reichs-Gebrauchsmuster (DRGM) Nummer 60 50 einen »Selbsttätigen Victoria-Korkzieher« schützen, »den bequemsten und billigsten aller Korkenzieher«. Im thüringischen Zella St. Blasii ließ Valentin Rasch um 1900 einen Pfropfenzieher mit Glocke und kugelgelagertem Kippbügel unter der Nummer 20 803 patentieren. Heute sind weltweit rund 2000 Patente bekannt – 350 in England, 300 in Frankreich, 400 in Amerika, wo man lange auch Bierflaschen verkorkte, und in Deutschland sind es 300 Patente und 600 DRGM-Anmeldungen. Auch in Italien, Österreich und der Schweiz schrieb der Korkenzieher Alltagsgeschichte.

Zum Hit wurde der Kellnerkorkenzieher, der sich zusammengeklappt in die Hosentasche stecken lässt, und das Taschenmesser mit ausklappbarer Korkenzieherspirale. Weniger elegant, aber jedem Durst gewachsen, sind an der Theke befestigte massive Hebelentkorker.

Bald legte die Industrie Korkenzieher-Motivserien auf, die zu Sammelobjekten avancierten: Bacchus, Manneken Pis, Bambi, Schlüssel, Anker, Eispickel, Golfschläger, Hammer und viele mehr. Sie sind heute ein beliebter Wandschmuck in Gaststuben, Vereinslokalen oder im Partykeller. Auch die technische Entwicklung ging noch weiter: Mit Druckluft arbeitete ein Gerät, dessen Nadel den Kork durchstach und Luft zwischen Flüssigkeit und Korken presste und den Stöpsel so herausdrückte. An die Stelle traditioneller Griffmaterialien traten nun Kunststoffe; längst sind Korkenzieher aus Plastik auf dem Markt, in poppigem Design und bunten Farben. Schließlich mutierte der Korkenzieher sogar zum elektrischen Küchengerät, das dem Stöpsel mit 230 Volt zu Leibe rückt. (Sicher ein Kandidat für die »101 Dinge, die die Menschheit nicht braucht«.)

Das wichtigste Einsatzfeld für Korkenzieher war und ist die Weinflasche. Daran ändern auch die gelegentlich anzutreffenden Schraubverschlüsse nichts. Traditionsbewusste Winzer und Weinkenner setzen weiterhin auf den Korken: Das Quietschen, wenn er aufsteigt, und das Schnalzen, wenn er die Flasche verlässt, sind eine Hymne auf den Korkenzieher und das Signal für bevorstehende Gaumenfreuden!

Herbert Hartkopf

Krawatte

Die Ehre am Kragen

Ob Binder, Schlips oder Krawatte genannt, immer schon war die kunstvoll gebundene Halszierde bei den Herren ein Symbol von Männlichkeit und Zeichen der Eitelkeit. Mit dem Binden des Stoffes verbringt noch heute so mancher mehr Zeit, als ihm lieb ist ...

Der älteste der sogenannten Modeklassiker ist keine Finesse der Haute Couture, sondern ein Alltagsutensil der Herrenbekleidung: die Krawatte. Zufall? Wohl kaum, denn es gibt kein Kleidungsstück, bei dem die ursprüngliche Symbolik so aktuell geblieben ist, dient sie doch noch immer als subtiles Mittel sowohl der Abgrenzung als auch der Kommunikation innerhalb der Männerwelt. Auch ohne soziologische Kenntnisse kann man durch sie so manches über den Träger erfahren: über seinen Geschmack und seine berufliche und gesellschaftliche Stellung.

Nicht nur Psychologen verweisen anhand ihrer in den Genitalbereich zeigenden Pfeilform auf den Phalluscharakter der Krawatte. Bereits im 18. Jahrhundert bedeutete »einen Gegner an der Krawatte packen« einen Angriff auf die männliche Ehre. Und der Brauch, in der Weiberfastnacht den Herren der Schöpfung die Krawatte abzuschneiden, ist nichts anderes als symbolische Kastration der Männermacht.

Die Geschichte der Krawatte

Die Geschichte des Textils ist grob in drei Epochen einzuteilen. Die modische Vorzeit führt uns bis in die ägyptische und die chinesische Hochkultur zurück. Bei den Ägyptern trugen die Angehörigen höherer Klassen ein rechteckiges Stück Stoff als Dreieck um den Hals geknotet und das längere Ende als Schal um die Schulter gelegt. Die hohen Priester und der König trugen ein buntes Tuch mit geometrischen Formen als Amulett und Zeichen ihrer Macht. Eine andere Fährte führt in das frühe China: Dessen erster Kaiser Shi-Huangdi (221–210 v. Chr.) ließ zum Schutz seines Grabes eine Armee von 7500 lebensgroßen Terrakottasoldaten anfertigen. Stellten die Figuren auch unterschiedliche Gruppen von Reitern, Speerträgern und Befehlshabern dar, hatten sie doch eines gemeinsam: Alle trugen ein um den Hals eingeschlagenes Tuch.

Auch das römische Militär kannte den geknoteten Schal – ein schmales Stück Stoff, etwa 1,50 Meter lang, das vor Schmutz und Sonne schützen sollte. Das bekannteste Bildzeugnis dafür befindet sich auf der Trajanssäule, einem 113 n. Chr. in Rom errichteten Siegesdenkmal. Die Römer nannten diesen Krawattenschal *focale*, wohl abgeleitet von *fauces* (Rachen) oder auch *focus*, im Sinne von »etwas Wärmendem«.

> »*Meine erste Sorge gilt meiner Krawatte.*
> *Sie ist der Prüfstein guten Geschmacks.*
> *Ich arbeite Stunden in der Hoffnung,*
> *dass sie wie hastig gebunden wirkt.*«
>
> **Karikaturentext zur Zeit der Französischen Revolution**

Die Halsbinderhistorie macht nun einen großen Zeitsprung in die Epoche des Barock und in die Ära des Absolutismus. Hier schlägt die eigentliche Stunde der Krawatte. Und wo? Natürlich in Frankreich, wo König Ludwig XIV. (1643–1715) nicht nur die politisch dominante, sondern auch die die Mode bestimmende Persönlichkeit war. Der »Sonnenkönig« verstärkte sein Heer durch die Anwerbung von Söldnertruppen, darunter kroatische Reiter. Zu deren militärischer Tracht gehörte ein Stück weißer Stoff, *hravatska* genannt, welcher in Form einer Rosette befestigt wurde, um den Uniformkragen zusammenzuhalten; die Enden des Tuches hingen über der Brust. Das kroatische Kavallerieregiment trug daher auch den Beinamen »Royale Cravate«. In der deutschen Umgangssprache nannte man einen Kroaten »Krawat«; die Bezeichnung wanderte nach Frankreich, wurde hier zu *croate* und kehrte Ende des 17. Jahrhunderts als »Krawatte« nach Deutschland zurück.

Der modevernarrte französische Adel fand schnell Gefallen an dem Accessoire, und bald trug die feine Gesellschaft gleichartige Tücher aus feinstem Stoff und mit Spitzen besetzt. Der größte Krawattenliebhaber war der König selbst. Ludwig XIV. hielt sich eine eigene Schlipsdienerschaft aus Höflingen und Näherinnen, die seine konkurrenzlose Kollektion von Bindern zu betreuen hatte. An ihrer Spitze stand der »Königliche Hofcravatier« Seigneur de Miramond, der Seiner Majestät jeden Morgen auf einem silbernen Tablett ein Palette von »Solitaires« genannten, exklusiven Krawatten zur Auswahl zu offerieren hatte.

Die Krawatte als Zeichen politischer Überzeugung

Zur Zeit der Französischen Revolution wurde die Krawatte erstmals zum Zeichen politischer Überzeugung. So trugen die Aufständischen schwarze, ihre Gegner weiße Binder. Ende des 18. Jahrhunderts wurden die »Incroyables« (»Unglaublichen«) en vogue, benannt nach den damaligen Liebhabern extravaganter Mode. Diese voluminöse Krawattenform bestand aus einer Anzahl von Schleifen, die kunstvoll um Hals und Kinn geschlungen wurden. Ein Vertreter dieser »Dandys« oder »Beaux« genannten Kavaliere und Modenarren war George Byran Brummel (1778–1840), Günstling des Prinzen von Wales und späteren Königs Georg IV. Er verbrachte täglich Stunden damit, sich neue Knotenformen auszudenken. Noch zu Beginn des 19. Jahrhunderts erschienen umfangreiche Handbücher über das korrekte Binden von Schlipsen.

Danach wurde die Kleidung des Mannes zunehmend uniformer; nationale Eigenarten verloren an Bedeutung – der Binder büßte seinen Schmuckcharakter ein. Im Zeitalter der Industriellen Revolution wurde der Schlips schließlich zu einem alltäglichen Bekleidungsstück, zumindest in den »Weiße-Kragen-Berufen«.

In jener Epoche ging ein großer Teil des Modebewusstseins verloren. Das Leben wurde hektischer, den Herren fehlte zunehmend die Zeit, sich mit komplizierten Knoten aufzuhalten. Es begann die Zeit der typisierten Standardkrawatten mit Streifen, Punkten, Karos oder Paisleymustern. Mit ausgesuchten einheitlichen Zeichen versehen, galt die Krawatte aber weiterhin, besonders in Großbritannien, als »Ausweis« der Zugehörigkeit zu bestimmten Institutionen, etwa Klubs oder Schulen.

Um 1867 kam mit dem Umlegekragen des Herrenhemdes und der Einführung des Sakkos der vorn geknotete und über die Brust herabhängende

»Langbinder« auf, ein etwa 145 cm langes, schmales Stück Stoff. Die endgültige Form erhielt die Krawatte aber erst in den 1920er-Jahren, nachdem der Amerikaner Jesse Langsdorf auf die Idee kam, den Binder diagonal zum Fadenverlauf zu schneiden und in drei Teilen zusammenzunähen.

In der Zeit der Studentenunruhen Ende der 1960er-Jahre wurde die Krawatte als Signum des Spießertums, als »Gesellschaftswürger« verachtet.

Nach diversen Formvarianten hielt nach 1935 der wohl berühmteste aller Knoten, der »Windsor-Knoten«, Einzug in die Herrenmode. In den späten 1960er-Jahren trat dann ein Krawatten-Kulturschock ein: Die Studentenrevolten brachen aus. Die Aufrührer der Spontigeneration verachteten die Krawatte als Signum des Spießertums, als »Gesellschaftswürger«. Heute gehört sie wieder zum guten Ton. Außenminister Joschka Fischer, einst Mitglied der schlipsfreien APO-Szene, gilt als bestangezogener Politiker des Landes, natürlich immer mit passender Krawatte!

Harry D. Schurdel

Kreditkarten

Plastik statt Bargeld

Der Siegeszug der Plastikkarten begann vor gut fünfzig Jahren mit einem ungalanten Missgeschick: Der Geschäftsmann Frank McNamara hatte seine Ehefrau zu einem eleganten Dinner in ein Spitzenrestaurant in Manhattan eingeladen. Hätte er den letzten Bissen seines Desserts nicht schon längst geschluckt gehabt, er wäre ihm bestimmt im Hals stecken geblieben. Denn er stellte beim Griff in die Innentasche seines Jacketts fest, dass sein Portemonnaie nicht da war, wo es sein sollte ...

Siedend heiß fiel ihm ein, dass es wohl noch in einem anderen Anzug war, der in seinem Schrank hing. Seine Ehefrau konnte glücklicherweise mit ihrem Geld aushelfen, und so mussten die beiden nicht in die Küche zum Abspülen. Der Abend war gerettet. (Heute wäre es ja normal, wenn die Frau die Restaurantrechnung bezahlt, aber zu damaligen Zeiten galt so etwas noch als faustdicker Fauxpas!)

Obwohl dank der Geldbörse seiner Frau alles noch mal gut gegangen war, ließ eine Idee Frank McNamara nicht in Ruhe. Es müsste doch möglich sein, solche unangenehmen Situationen mit einer anderen Zahlungsmethode zu umgehen. So gründete er kurzerhand einen Klub, den er »Klub der Dinierenden« nannte, den Diners' Club. Rund 200 seiner Freunde und einige gute Restaurants waren von der Idee begeistert, die er so formulierte: Jedes Klubmitglied konnte Rechnungen mit der Unterschrift bezahlen, und das Restaurant schickte die Rechnung an die Klubzentrale, die sie beglich. Die Summe der Rechnungen wollte McNamara den einzelnen Mitgliedern später schicken. Die Diners'-Club-Mitgliedsgebühr sollte drei Dollar pro Jahr betragen, und die Restaurants erhielten den Rechnungsbetrag minus acht Prozent – diese acht Prozent flossen in die Klubkasse. Die Mitgliedsausweise des »Klubs der Dinierenden« waren aus Pappe und mit der Unterschrift des Besitzers gekennzeichnet.

Die Idee erwies sich als grandios: Bereits ein Jahr nach dem Start 1950 hatte der »Klub der Dinierenden« 42 000 Mitglieder in den USA, die in über 330 Geschäften und Restaurants bargeldlos einkaufen oder essen konnten. Die Umstellung von der Papp- auf die Plastikkarte kam 1961.

So wie die Anzahl der Klubmitglieder wuchs, wuchs auch die Anzahl derer, die das Prinzip nicht bis ins Detail verstanden hatten. Legendär ist bis heute der Anruf eines Mannes in der Diners'-Club-Telefonzentrale, der sich schnell eine Kreditkarte ausstellen lassen wollte. Als die Mitarbeiterin ihn um seine Adresse für den Antrag bat, verlor der Mann die Geduld und sagte: »Ja, verstehen Sie mich denn nicht, oder wollen Sie mich nicht verstehen!? Ich brauche die Karte in 20 Minuten, da habe ich ein Essen mit einem Geschäftsfreund und gerade noch einen Dollar achtzig in der Tasche!«

1950 gründete Frank McNamara den »Diners' Club«: Die Idee erwies sich als grandios.

Mit ziemlicher Sicherheit hat dieser Mann erst mal keine Mitgliedskarte erhalten, da schon damals die Mindestvoraussetzung für den »Klub der Dinierenden« geordnete finanzielle Verhältnisse waren.

Chipkarten – Allroundtalente im Westentaschenformat

Inzwischen haben die meisten Menschen mindestens zwei dieser Plastikkarten in ihrer Geldbörse – Tendenz steigend. Und nicht nur das, eine Welt ohne Plastikkarten ist heutzutage kaum mehr vorstellbar. Die Palette reicht von der Versicherungs- oder EC-Karte über den EU-Führerschein und die Kreditkarte bis hin zum Mitgliedsausweis für Videotheken und Telefonkarten. Damit die Karten auch alle in die dafür vorgesehenen Fächer der Automaten und in die Portemonnaies passen, gibt es die sogenannte ISO 7810 Norm (ID-1), die die technischen Daten für dieses Westentaschenformat vorgibt: 85,7 _ 54 mm groß und 0,76 mm stark. Das Material ist Hart-PVC.

Einen Grundstein für die Funktionalität dieser Karten hat der Erfinder Jürgen Dethloff gelegt. Der Wissenschaftler hat 1969 den sogenannten »Identifizierungsschalter« angemeldet und damit den Vorreiter der heutigen Chipkarte erfunden. Knapp zehn Jahre später präsentierte er seine

Idee einer Mikroprozessorkarte, die seitdem erfolgreich die Basis für Telefonkarten, GSM-Karten, Krankenversicherungskarten oder Geldkarten darstellt. Dethloff wurde für seine Erfindungen übrigens in die Deutsche Erfindergalerie aufgenommen und mit dem Verdienstkreuz Erster Klasse des Verdienstordens der Bundesrepublik Deutschland ausgezeichnet.

Weitverbreitet sind die »einfachen, synchronen Chipkarten«, deren Speicher nur ausgelesen oder beschrieben werden kann. Ein Beispiel dafür sind die Krankenversicherungskarten, die Adresse, Geburtsdatum und die Angabe der Krankenkasse enthalten. Die Speicherzellen dieser Karten können leicht ausgelesen werden und bieten daher keinen großen Schutz vor Veränderung durch Dritte.

Geldkarten gehören dagegen zu den »asynchronen Chipkarten«. Auf die Daten der Prozessor-Chipkarten, wie sie auch genannt werden, kann man nicht direkt zugreifen, da sie verschlüsselt sind. Das bietet Schutz vor fremdem Zugriff. Diese Karten enthalten oft personenbezogene Daten, Eurobeträge oder signierte Schlüssel, wie man sie z. B. für Pay-TV benötigt. Chipkarten haben im Vergleich zu den Magnetstreifen der Kreditkarten mehrere große Vorteile: Sie sind robuster und verkratzen nicht so leicht, sie lassen sich nur sehr aufwendig manipulieren und haben zudem ein vielfach höheres Speichervolumen. Magnetstreifen sind in der Regel auf der Rückseite der Kreditkarte angebracht. Problematisch wird es, wenn der Magnetstreifen zerkratzt ist. Dann können die Lesegeräte erhebliche Probleme haben, die Daten auszulesen.

»Bezahlen Sie mit Ihrem guten Namen!«

Werbeslogan von »American Express«

Für solche Fälle und für Fälle, in denen der Kartenbesitzer etwas per Telefon bestellt und mit Karte bezahlen möchte, sind die Daten auch auf die Vorderseite der Karte gedruckt. Ältere Lesegeräte prägten die Daten auf ausgedruckte Belege (diese Apparate werden »Ritsch-Ratsch-Geräte« genannt). Mit Namen, Gültigkeit der Karte und der Kartennummer kann man problemlos per Telefon, Internet, Fax oder Brief die Rechnungen begleichen. Allerdings läuft die Zeit der Magnetstreifentechnologie langsam ab. Bis zum Jahr 2007 sollten alle Kartenbesitzer mit neuen Karten versorgt sein, die Speicherchips statt Magnetstreifen haben.

Experten haben errechnet, dass es bis zum Jahr 2010 über 3,7 Milliarden Kreditkartenbesitzer geben wird. Psychologen haben herausgefunden, was an Plastikkarten so faszinierend ist. Die Faszination ist, Dinge kaufen zu können, ohne Bargeld auf den Tisch legen zu müssen. Dadurch verlieren viele Leute das Gefühl für die Summen, die sie ausgeben – und die Händler freuen sich. Zwar verzichten sie, wenn jemand mit Kreditkarte bezahlt, auf zwei bis fünf Prozent des Verkaufspreises – und das macht kein Geschäftsmann aus reiner Sympathie. Aber die Kaufleute wissen, dass viele Käufe gar nicht zustande kommen würden, wenn der Kunde in bar bezahlen müsste. Die monatliche Abrechnung kommt später – und da ist der Kunde längst zu Hause und hat sich an die neue Anschaffung gewöhnt …

Jennifer Bligh

Kühlschrank

»Coole« Erfindung

Drinks on the rocks, kalte Platten, Speiseeis zu jeder Jahreszeit – der Kühlschrank macht's möglich. Selbst beim Campen oder im Pkw müssen wir auf unsere »coolen« Gewohnheiten nicht verzichten.

Schon vor 3000 Jahren liebten die Chinesen »Eisiges«. Konfuzius beispielsweise wird eine Vorliebe für Sorbets zugeschrieben. In Rom unterhielt Kaiser Nero im 1. Jahrhundert Läuferstafetten in die Albaner Berge, um seine Gäste mit eisgekühlten Desserts aus Schnee, Rosenwasser und Früchten zu bewirten. Französische Könige ließen in der Neuzeit das Eis für ihr »Gefrorenes« sogar aus norwegischen Fjorden heranschaffen, und die nach Fürst Pückler benannte Schleckerei ist noch heute in jedem Supermarkt-Kühlregal zu finden …

Nicht nur als Speisebestandteil ist Eis beliebt. Viel wichtiger sind Kälte und Eis seit jeher, um Nahrungsmittel haltbar zu machen. Die Indianer Südamerikas etwa sicherten sich Vorräte aus Fleisch und Kartoffeln durch Trockenfrieren.

In Europa hielt sich aus Bächen oder Seen gebrochenes Natureis, in Stroh gepackt, in Eisgruben oder -kellern bis in den Sommer. Später füllte man damit mit Blech ausgekleidete Kisten – eine Idee der Schweden Baltazar von Platen und Carl Munsters. Der Eismann versorgte Brauereien, Fleischer, Konditoren und Gasthöfe mit Eisstangen und gab Eis auch kiloweise an Privathaushalte ab. Alte Leute reden noch heute vom »Eisschrank«, jenem fortschrittlichen »Möbel«, das im 19. Jahrhundert Einzug in Küche und Keller hielt. Diese Eisschränke waren gegen Außenwärme isoliert, innen mit Blech ausgekleidet und hatten neben dem eigentlichen Vorratsraum zusätzlich Fächer für die Eisblöcke und das abtropfende Schmelzwasser. Das alles hatte aber noch nichts mit »künstlicher« Kälteerzeugung zu tun.

Die Anfänge der »künstlichen« Kälteerzeugung

Diese gelang im Jahr 1755 dem Mediziner und Chemiker William Cullen durch »Evakuierung«, d. h. durch die von der Verdunstung von Flüssigkeiten ausgehende thermodynamische Kühlwirkung.

Von hier bis zum Kühlschrank war es allerdings noch ein weiter Weg. Und wie viele nützliche Alltagsgeräte hatte auch der Kühlschrank mehrere Väter: Oliver Leslie, Jacob Perkins, Edmond und Ferdinand Carré, Carl von Linde und andere zählten dazu. Zwei der von diesen Forschern entwickelten Systeme (die vor allem für die Konstruktion von Großkälteanlagen, z. B. in Schlachthäusern, ersonnen wurden) erwiesen sich dann auch als geeignet für den Bau von Haushaltskühlschränken: das Absorptionsverfahren und das Kompressionsverfahren.

Man hatte beobachtet, dass ein Tropfen Äther beim Verdampfen auf der menschlichen Haut eine Kälteempfindung (weil dabei Wärme verbraucht wird) hervorruft. Nach diesem Prinzip konstruierte Edmond Carré 1850 seine »Absorptions-Kältemaschine«. Als Kältemittel verwendete er Ammoniak. Die konzentrierte Ammoniaklösung befand sich in einem geschlossenen Röhrenkreislauf (im Volksmund: »Schlange« genannt), wurde im »Kocher« erwärmt, dadurch dampfförmig ausgetrieben und danach in einem wassergekühlten Kondensator verflüssigt und entspannt. Die hierzu erforderliche Wärme wurde der Umgebung entzogen – und genau dieser Vorgang ist der eigentliche Kühleffekt.

»Mit dem Kühlschrank durch Irland«

Titel eines Reiseberichts von Tony Hawks

Solche »Gas«-Kühlschränke hatten den Vorteil, dass sie mit wenigen mechanischen Teilen und auch ohne Elektrizität auskamen. Sie waren leicht zu warten und weniger reparaturanfällig. Außerdem funktionierten sie absolut geräuschlos.

Bis der »Absorber« aber die Serienreife erreichte, vergingen noch Jahrzehnte. Die schwedische Firma Electrolux brachte 1925 das erste Gerät in Europa auf den Markt, AEG folgte 1927. Führender Hersteller war lange Zeit die Firma Servel. Geräte dieser Bauart werden noch heute in Hotelzimmern oder beim Camping eingesetzt.

Carl von Linde und die Erfindung des Kompressorkühlschranks

Die Erfindung des Kompressorkühlschranks geht auf Carl von Linde zurück. Linde lehrte seit 1870 an der Königlichen Polytechnischen Schule in München, wo er auch praktische Versuche unternahm. Zwischen 1874 und 1879 entwickelte er eine stehende »Kompressions-Kältemaschine« auf der Basis von Ammoniak, auf die ihm 1877 das Deutsche-Reichs-Patent Nr. 1250 erteilt wurde. Dies war die eigentliche Geburtsstunde des »modernen« Kompressorkühlschranks.

Der Eismann versorgte Brauereien, Fleischer, Konditoren und Gasthöfe mit Eisstangen und gab Eis auch kiloweise an Privathaushalte ab.

Sein wesentliches Merkmal ist der elektrische Antrieb mit Motor und Pumpe. Ein Kolbenkompressor oder Turboverdichter saugt das Kältemittel (z. B. Ammoniak oder Kohlendioxid) an, verdichtet es (bei Ammoniak auf 7,5 Bar) und drückt es zur Verflüssigung in einen Kondensator, der durch Wasser gekühlt wird. Das Kältemittel strömt in diesem Zustand durch den Verdampfer und entspannt sich. Dieser Vorgang benötigt, wie beim Absorber, Wärme, die der Luft oder den eingelagerten Lebensmitteln im Kühlfach entzogen wird. Der Vorgang wiederholt sich im geschlossenen Kreislauf in Intervallen immer wieder. 1879 war das Gründungsjahr der »Gesellschaft von Linde's Eismaschinen«, die große Mehrheit der deutschen Haushalte musste aber noch Jahrzehnte auf kühle Segnungen verzichten. Die Anschaffung wäre für eine Normalfamilie auch viel zu teuer gewesen.

1913 begann der Siegeszug des Kompressorkühlschranks in Chicago, wo die ersten Geräte für den Haushalt gebaut und verkauft wurden. 1916 kam der »Kelvinator« auf den Markt, ein Jahr später der »Frigidaire«. »General Electric« begann 1926 mit der Serienproduktion.

Die Firma Bosch präsentierte 1933 auf der »Leipziger Suppenmesse« ihre »Kühl-Trommel mit 60 Litern Nutzinhalt«, eine technische Meisterleistung. Während 1922 in den USA bereits 20 000 Haushalte über Kühlschränke verfügten (und ihre Zahl dort bis 1941 auf 3,5 Millionen anstieg), wurden sie in Deutschland noch lange Zeit nur in Restaurants und Feinkostläden sowie von wenigen Privatleuten benutzt.

Jahrelang konkurrierten die beiden Systeme um die Gunst der Käufer. Schließlich setzte sich der elektrische Kompressionskühlschrank durch. Er war leistungsstärker und erlaubte später sogar den gleichzeitigen Betrieb von Kühl- und Gefrierfach (bis minus 18 °C). Die Elektrizität machte es außerdem möglich, diese Geräte mit Innenbeleuchtung, Stufenregelung, Abtauautomatik und Feuchteregelung (für das Gemüsefach) auszustatten.

Kühlschränke wurden in Deutschland noch lange Zeit nur in Restaurants und Feinkostläden benutzt.

Heute besitzt nahezu jeder deutsche Haushalt einen Kühlschrank. Sein Normvolumen liegt bei 60 Liter Kühlraum pro Person. Seinen Ruf als Stromfresser und Ozonkiller hat der Kühlschrank abgelegt. In den letzten 20 Jahren wurde der Stromverbrauch halbiert, und seit 1990 ist FCKW (als Kühl- und Dämmmittel) verboten.

Herbert Hartkopf

(Nürnberger) Lebkuchen

König der Spezereien

Es ist Advent: Die Zeit der köstlichen Gerüche ist angebrochen. Nicht nur Nikolaus und Knecht Ruprecht halten Einzug, sondern auch weihnachtliche Düfte. Alle Register der Back- und Kochkunst werden gezogen, um Leib und Seele zu laben. Und ein Aroma zieht uns besonders in die Nase: der süßlich-würzige Wohlgeruch der Lebkuchen.

Die größte Vielfalt von Honig- und Gewürzkuchen treffen wir auf den Weihnachtsmärkten an. Die Leckereien heißen – je nach Herkunftsregion und Herstellungsart – etwa Aachener Printen oder Coburger Schmätzchen, Basler Leckerli oder Pulsnitzer Pfefferkuchen, Ulmer Brot oder Thorner Kathrinchen. Doch der Klassiker dieser Gebäckart ist und bleibt der »Nürnberger Lebkuchen«.

Die Franken sind aber nicht die Erfinder dieses »Königs der Spezereien«. Die Geschichte des Lebkuchens begann mit seinem Urahn, dem Honigkuchen. Bereits im alten Ägypten und in den Hochkulturen des Vorderen Orients fertigte man süße Fladen aus wildem Honig und Getreide. Mit etwas Fantasie kann man auf der ältesten uns bekannten Darstellung einer ägyptischen Hofbäckerei im Grabmal Ramses III. (1182–1151 v. Chr.) einen pharaonischen »Lebzelter« entdecken. Legte man den ägyptischen Königen doch Honigkuchen als Nachspeise für ihre Reise ins Totenreich mit ins Grab.

Lebkuchen – Geschenk der Götter

Die antiken Griechen und Römer hielten Honig für eine Göttergabe und hofften deshalb auf die magischen, heilenden und Leben spendenden Kräfte des Honigkuchens. Deshalb war das Naschwerk auch nicht nur zum

Verzehr bestimmt, sondern wurde von so manchem Legionär mit auf den Feldzug genommen.

Die Germanen in Europas vorchristlicher Zeit schätzten den Honigkuchen gleichfalls als Geschenk der Götterwelt. Besonders zur Zeit der Wintersonnenwende, wenn sie ihn – geformt als (Sonnen-)Scheiben oder als dem Sonnengott geweihte Eber – an ihren Behausungen befestigten, als Schutz vor den in den »Raunächten« ihr Unwesen treibenden Dämonen. Kein Wunder, galt die wichtigste Backzutat, der Met, ein gegorener Honigsaft, doch als Trank der Götter und Helden in Walhall.

Griechen, Römer und Germanen schätzten den Honigkuchen als Geschenk der Götterwelt.

Aus den Honigkuchen entwickelten sich im 13. Jahrhundert die »Lebkuchen«. Dieser vor allem süd- und westdeutsche Ausdruck – in anderen Teilen Deutschlands werden sie »Pfefferkuchen« oder »brauner Kuchen« genannt – geht auf das mittelhochdeutsche *lebekuochen*, also »Laibkuchen«, »Brotkuchen« zurück. Diese Bezeichnung wiederum bezieht sich wohl auf das lateinische *libum* (Fladen, Opferkuchen).

Da dem Honig und seinen Produkten seit alters her eine heilende Wirkung nachgesagt wurde, erstaunt es nicht, dass Mönche und Nonnen bereits um das Jahr 800 »Heilbrote« aus Honig in klösterlichen Apotheken verkauften. Die Mönche liebten dabei besonders die deftigen, mit schwarzem Pfeffer gewürzten »Pfefferkuchen«, nicht zuletzt wegen der durstanregenden Wirkung. Pfeffer war im Mittelalter die Sammelbezeichnung für alle morgenländischen Gewürze. Die Nonnen bevorzugten hingegen die süße Variante, das *panis mellitu*. Auch die für die Lebkuchen so charakteristische Verwendung von Oblaten verweist auf die Klöster als Ursprungsort des Backwerks. Die *hostia oblata* verhinderte, dass der »Brotkuchen« auf dem Backblech anklebte.

Bereits um das Jahr 800 verkauften Mönche und Nonnen »Heilbrote« aus Honig in den klösterlichen Apotheken.

Lebkuchen sind also um orientalische Gewürze verfeinert und in ihrer klassischen Form mit Oblaten versehene Honigkuchen. Das typische Lebkuchengewürz ist eine Mischung aus Anis, Gewürznelken, Kardamom, Koriander, Muskatnuss, Piment und Zimt. Die speziellen Rezepturen schwanken allerdings nicht unerheblich, je nach Lebkuchenart und Produzenten.

Aus den Klöstern in die Städte

Es erstaunt nicht, dass die Herstellung solch edler – und gewinnträchtiger – Erzeugnisse nicht auf Dauer hinter Klostermauern blieb. Seit Ende des 13. Jahrhunderts finden sich in alten Marktordnungen Aufzeichnungen über die nun auch gewerbliche Herstellung von »Lebekuochen« durch die »Lebzelter«, die Lebkuchenbäcker. Seit dem 16. Jahrhundert lösten sich die auch »Lebküchner« genannten Handwerker aus der Bäckerinnung und bildeten eine eigene Zunft, die sie mit Ratssiegeln bekräftigen ließen.

Eine der ersten Städte, in denen im Mittelalter Lebkuchen produziert wurden, war Ulm (1296). Doch zu *der* Lebkuchenstadt stieg die fränkische Metropole Nürnberg auf. Der erste Lebküchner ist hier 1395 urkundlich nachweisbar. Nürnberg verfügt also über eine mehr als 600 Jahre alte Lebkuchentradition. Dennoch gab es erst spät eine eigene Lebküchnerzunft. Nach fast 100-jährigen vergeblichen Bemühungen genehmigte der Rat der Stadt 1643 endlich die Gründung einer eigenen »geschorenen« Vereinigung. Die neue Zunft umfasste anfangs 14 Meister, die weit über Nürnberg und Franken hinaus großes Ansehen genossen.

Nürnberg verfügt über eine mehr als 600 Jahre alte Lebkuchentradition. Der erste Lebküchner ist hier 1395 urkundlich erwähnt.

Der Dreißigjährige Krieg führte zu einem erheblichen Niedergang der Nürnberger Lebküchner: Durch die langjährige, zweimalige Belagerung der Reichsstadt erhielten sie keine Gewürze mehr, und auch der Handel, selbst mit dem näheren Umland, kam fast zum Erliegen. Mühsam musste dann in fast zwei Jahrhunderten das Handwerk wieder auferstehen, die alten Vertriebswege mussten neu belebt werden. Seit 1808 ist das »Meisterstück« des Nürnberger Lebkuchens auf dem Markt, der Elisenlebkuchen. Er durfte früher kein Mehl enthalten; heute erlaubt die Norm aber bis zu zehn Prozent Mehl und 75 Prozent Stärkemehl oder eine Mischung daraus. Taufpatin der Süßigkeit soll die Tochter eines Lebküchners gewesen sein.

Es ist keine Überraschung, dass sich ein solch erlesenes Produkt wie der Lebkuchen alsbald zu einem Exportschlager der Reichsstadt entwickelte. Schon vor Jahrhunderten verschickten die Nürnberger ihre Lebkuchen getreu dem Motto: »Nürnberger Tand geht in alle Land« in die weite Welt, nicht zuletzt an vornehmste Adressen. So war die exklusive Ware ein gern gesehenes Präsent im diplomatischen Verkehr. 1927 ist die Bezeichnung »Nürnberger Lebkuchen« vom Landgericht Berlin als Herkunftsbezeichnung festgelegt worden. Das bedeutet, dass sich nur Lebkuchen mit Nürnbergs Namen schmücken dürfen, wenn sie innerhalb der Stadtgrenzen hergestellt wurden. Seit 1996 ist die Marke auch EU-weit geschützt.

»Nürnberger Tand geht durch alle Land.«

Sprichwort

Heute arbeiten etwa 4000 Menschen in Nürnbergs Lebkuchenindustrie. Mehr als 2000 Oblatenlebkuchen laufen pro Minute auf riesigen Backblechen über die meterlangen Backstraßen in den verschiedenen Herstellerbetrieben. Sind auch die Lebkuchen selbst vergänglich, weil von ihren Millionen Liebhabern lustvoll verzehrt, schmücken ihre so dekorativen wie nostalgischen Behältnisse auf Dauer ungezählte Küchenborde. Und erinnern dadurch immer wieder an die Weihnachtszeit …

Harry D. Schurdel

Lippenstift

Und ewig lockt der Mund ...

... betont mit Lippenfarben von Zartrosé bis Glutrot. Lippenstift ist heute der Schönmacher Nr. 1 für Evas Töchter. Bis das praktische Utensil die Schminktäschchen eroberte, war die Mundbemalung oft ein mühsames Unterfangen.

Über den Mund, die Schönheit der Lippen, haben Dichter seit jeher ihr Füllhorn berauschender Lobeshymnen ausgeschüttet. Der Mund: Mal signalisierte sein Rot Laster, mal Luxus. Heute vermittelt der geschminkte Mund Vitalität, Gepflegtheit und Frische. Frau fühlt sich angezogener und anziehender. Kurz und gut: Er ist fester Bestandteil des Schönheitsideals, Signum des attraktiven Äußeren. Kein Wunder, dass der Lippenstift »Bestseller« der nicht gerade erzeugnisarmen Kosmetikbranche ist. Fast jede zweite deutsche Frau benutzt ihn täglich.

Schminken für die Götter

Die Schminkkunst ist so alt wie die Menschheitsgeschichte. Der erste Make-up-Ratgeber war gar ein Engel, Azaliel mit Namen. Laut Altem Testament zeigte er den jungen Frauen, wie man sich das Gesicht rötet, »um die Leidenschaft auf Erden zu entfachen«. Martin Luther sah das später ganz anders. Er geißelte die künstliche Röte der Lippen als »hurisch« und »gemein«. Zur Lippenbetonung gab es durch die Jahrtausende viele mehr oder minder gefährliche Verfahren mit Beerensäften, Farbstoffen, Pigmenten – bis hin zur Tätowierung. Die bisher älteste Lippensalbe, datiert auf rund 5500 Jahre, wurde bei Ausgrabungen in der sumerischen Stadt Ur entdeckt.

Zur ersten Hochblüte kam die Kunst der Kosmetik im alten Ägypten. Dort schminkte und schmückte man sich, um den Göttern ähnlicher zu sein. Mit

Schilfröhrchen oder Pflanzenstängeln wurden Henna und Zinnoberrot auf die Lippen aufgetragen. Als »Make-up-Kunstwerk« gilt uns die noch heute betörend schöne Büste der Nofretete (ca. 1350 v. Chr.). Für die Römerinnen gehörte Schminken – auch der leuchtend rote Mund – gewissermaßen zur Kultur. Zum ersten Mal wurde in diesem Zusammenhang der Begriff *decoratio* verwendet. Reichliches Auftragen und mangelnde Haftfähigkeit der Schönmacher forderten ihren Preis. So berichtete der römische Dichter Ovid: »Du wirst die Farben in warmen Strömen hinuntersickern sehen!«, Nebenwirkungen, die heute längst passé sind. Die Damen der Renaissance bevorzugten fein gezupfte Augenbrauen über ungeschminkten Augen, einen klein rougierten Mund und eine hohe Stirn. Als Ausgleich zu den fahlen Gesichtern setzten die Damen des Barock auf kräftig umrandete Augen, dunkle Brauen, rosige Wangen und deutlich nachgezeichnete Lippen. Der Schönheitswahn trieb seinerzeit nicht selten skurrile Blüten: So ließ sich die russische Zarin Katharina die Große (1762–1796) von Dienerinnen die Lippen ansaugen und aufbeißen, damit sie – buchstäblich – in blutrotem Ton erstrahlten. Im Rokoko war kräftiges Lippenrot nicht mehr gefragt, übermäßiges Pudern und Schminken galt als unfein. Noch in der zweiten Hälfte des 19. Jahrhunderts bevorzugte die holde Weiblichkeit der besseren Gesellschaft das blasse Gesicht. Schminke war den »Damen« einer zweifelhaften Zunft vorbehalten.

»Stylo d'amour« und »Rouge Baiser«: Der Lippenstift feiert Premiere

Doch die modische Revolution stand kurz bevor. Und die Erfindung des Lippenstifts sollte sie einleiten. Dieser hatte 1883 als eine der Sensationen der Amsterdamer Weltausstellung seine Premiere – in Vorläuferversion. Aus Wachs, Walfett, Hirschtalg und gefärbtem Mandel- oder Bergamottöl hergestellt, offerierte die Pariser Parfümerie »Rhodopis« eine bahnbrechende Neuheit: den »Rhodopis Serviteur«, den »Diener der Rhodope«, benannt nach der griechischen Nymphe, die für ihre Schminksucht bekannt war. Die Schminkmasse musste zu kleinen Stangen zusammengerollt werden, woraufhin die Pariserinnen dafür den despektierlichen Ausdruck *saucisse*, »Würstchen«, kreierten. Schon damals wusste man um die Macht der Reklame und ließ die berühmte Tragödin Sarah Bernhardt für das

Schönheitsmittel werben. Doch die Damenwelt war von dem auch »Stylo d'amour« genannten Produkt eher abgeschreckt. Ein Grund lag sicher im Preis, kostete er doch nach heutigem Geldwert um die 50 Euro. Auch die Handhabung war keineswegs ausgereift: Das Wachs war mit Seidenpapier umwickelt, das vor jeder Benutzung Stück für Stück entfernt werden musste.

»Das Erste, was mir auffällt, sind die blassen Gesichter der Frauen und die seltsam gräuliche Farbe auf ihren Lippen …« Mit diesen Worten betrat Helena Rubinstein 1915 New Yorker Boden – und eröffnete einen Schönheitssalon. Zu der Zeit waren die Europäerinnen schon von ihren Produkten begeistert, die sie in ihren Salons in London-Mayfair und Paris-St.-Honoré verkaufte. Das Haus Helena Rubinstein war es auch, das den Lippenstift als erste Firma zu erschwinglichen Preisen anbot. Das kosmetische Massenprodukt »Lippenstift« steckte nun in einem Metallbehälter, eine Erfindung des Franzosen Maurice Lévy im Jahr 1915. Der letzte Innovationsschritt des Produkts, die Hülse mit Drehmechanismus, sollte erst 1949 in den USA auf den Markt kommen. Der Modedurchbruch des Lippenstifts – zeitweise sogar von den Londoner Suffragetten zum Sinnbild der Frauenbefreiung erkoren! – erfolgte in den 1920er-Jahren: Clevere Chemiker entwickelten mit dem »Rouge Baiser« den Prototyp des ersten – fast – kussechten Lippenstifts. Der »Rote Kuss« war ein sehr fester Stift, der sich einfacher auftragen ließ und besser haftete als die Vorgänger. Zu haben war er in Hell- oder Dunkelrot. Erst in den 1930er-Jahren wurde die Farbauswahl größer. Die Lippenstifte wurden in aufwendig gearbeiteten Metallstiften aufbewahrt, die in Nachfüllpackungen aus Kunststoff zu kaufen waren. Später verzichteten die Frauen auf die teure Metallhülse und kauften nur noch die Nachfüllhülsen.

Der neuzeitliche Lippenstift, recht profan aus Wachs, Ölen und Aromastoffen bestehend, symbolisierte Gepflegtheit und Eros zugleich und avancierte rasch zum kosmetischen Global Player. Und man muss kein Prophet sein, um vorauszusagen, dass die Damenwelt auch zukünftig nicht darauf verzichten wird – nicht einmal im All. Denn was tat Sally Ride, die erste amerikanische Astronautin, kurz bevor sie ins Universum abhob? Sie zog sich ihre Lippen nach …

Harry D. Schurdel

Litfaßsäule

Rundum Werbung

Da steht sie nun, die alte Dame aus den Dinosaurierzeiten der Werbung: ein wenig zerknittert, ein wenig zu mollig und zu behäbig für unsere schnelllebige Zeit, aber dennoch unverrückbar auf den Straßen – die Litfaßsäule! Obwohl es ansprechendere, buntere und lautere Formen der Werbung gibt, prägt die füllige Plakatträgerin seit 150 Jahren das deutsche Stadtbild.

Es war eine kleine Sensation, als am 1. Juli 1855 die ersten 100 Litfaßsäulen in Berlin aufgestellt wurden. Den Erfinder der neumodischen Werbeeinrichtung, den Buchhändler, Drucker und Verleger Ernst Litfaß, ehrten die begeisterten Berliner mit einem Ständchen, sogar eine eigens für diesen Zweck komponierte »Annoncier-Polka« wurde zu Gehör gebracht. »Gestern, Sonntag, verrichteten die Litfaß'schen Säulen zum erstenmal ihren Dienst und versammelten Scharen von Bewunderern im Schatten ihrer Kapitäle«, berichtete die »Berliner Montagspost« tags darauf. Zwar mischten sich in den Jubel auch verhaltene Töne, manche Kritiker sprachen gar von einer »Verschandelung« der Stadt, doch insgesamt durfte sich Litfaß über ein positives Presseecho freuen. Seine massiven, mit einem Palmettenfries bekrönten Werbesäulen aus Eisenblech wurden von der Bevölkerung rasch angenommen und setzten in leichter Abwandlung zu einem bis heute ungebrochenen Siegeszug an. Ende 2004 gab es nach Angaben des Zentralverbandes der deutschen Werbewirtschaft 17 055 Litfaßsäulen in Deutschland.

Der Pfiff der runden Werbetrommel besteht in ihrer optimalen Raumausnutzung: Bei einer Standfläche von gerade mal 1,25 Quadratmetern bietet sie eine Werbenutzfläche von 13 Quadratmetern – Platz genug für 24 Bögen im DIN-A4-Format. Dazu ist sie billig im Unterhalt und erreicht gut platziert täglich eine Vielzahl von Menschen.

Ernst Litfaß hat zweifelsohne den Beinamen »Reklamekönig« verdient. Der 1816 geborene Spross einer alteingesessenen Buchdrucker-Familie erkannte geschäftstüchtig die Chancen der Werbung in der rasch wachsenden Metropole Preußens mit ihrem Kulturangebot. Als er 1845 den elterlichen Betrieb übernahm, hatte Litfaß bereits Paris, Brüssel und London besucht, wo er die modernsten Reklamegags kennengelernt hatte. In der britischen Hauptstadt fuhr man Werbesäulen auf Pferdedroschken durch die Stadtviertel, in Paris standen einige Exemplare bereits fest auf den Bürgersteigen.

Der innovative Litfaß rüstete seinen Betrieb nach seiner Rückkehr aus dem Ausland auf die neuen Anforderungen um. Er schaffte moderne Schnellpressen an, schuf die Voraussetzungen für den Buntfarbendruck und stellte als Erster Riesenplakate her. Da das Unternehmen seit 1825 sämtliche Theaterzettel aller Berliner Bühnen druckte, kam der Verleger 1851 auf die Idee, ein Stadtmagazin herauszugeben, den »Berliner Tagestelegraph«. Finanziert wurde das Blatt durch Anzeigen, womit Litfaß das Inseratsystem in Berlin einführte.

Der Unternehmer schwamm geradezu auf einer Welle des Erfolges. Für den Kaufhausbesitzer Hertzog und den Zirkusdirektor Renz entwarf er Werbestrategien. Aus Ärger über die wilde Plakatierwut der Berliner – zu der er als Drucker maßgeblich beitrug – entwarf er nach Pariser und Londoner Vorbild Reklamesäulen. Seine Wünsche ergänzten optimal die des Berliner Polizeipräsidenten Karl von Hinckelday, den nicht nur die Plakate im Stadtbild störten, sondern häufig auch ihr Inhalt. 1854 einigten sich beide Seiten auf ein Geschäft: Während Litfaß das lukrative Monopol für das Aufhängen von Plakaten auf einer bestimmten Anzahl von Werbesäulen, Brunnenverkleidungen und Bedürfnisanstalten über 15 Jahre hinweg erhielt, bekam Hinckelday endlich eine Möglichkeit, die Zensur über die Hintertüre einzuführen und gegen den wilden Plakatanschlag in der Stadt vorzugehen. Am 9. Dezember 1854 erhielt Litfaß die Konzession »zur Errichtung einer Anzahl von Anschlagssäulen auf fiskalischem Straßenterrain zwecks unentgeltlicher Aufnahme der Plakate öffentlicher Behörden und gewerbsmäßiger Veröffentlichung von Privatanzeigen«.

Der »offizielle« Charakter der Werbesäule wurde durch diese Bestimmung offenkundig. Eine erste Probesäule wurde am 20. April 1855 vor dem litfaßschen Verlag aufgestellt und für gut befunden. In den Kriegen von 1866 und 1870/71 scharten sich denn auch die Menschen um die Litfaßsäulen, auf denen die neuesten Depeschen und Siegesnachrichten veröffentlicht wurden.

Die Werbeidee stieß jedoch nicht überall auf Gegenliebe. Aufgebrachte Grundstücks- und Hauseigentümer wehrten sich vehement gegen das Aufstellen der Säulen auf ihrem Grund und Boden. Auch der Magistrat der Stadt fühlte sich hintergangen, zog sich Litfaß doch aus dem anfangs zugesicherten Betrieb von 30 Toilettenhäuschen, deren Wände er plakatieren wollte, zurück.

Doch die Berliner Öffentlichkeit schloss den runden Werbeträger rasch ins Herz. Die Litfaßsäule wurde gar Gegenstand von Liedern, Couplets und Volksstücken: »Mit Lust bleibt das Auge jetzt weilen, was Litfaß gestellt uns hierher! Er baut sich ein Denkmal von Säulen! Na, Litfaß, was willst du noch mehr?« hieß ein Song aus dem Lustspiel »Ein Tag in der Residenz«. Und in den 1920er-Jahren trällerte man den bekannten Schlager von Kurt Tucholsky und Friedrich Holländer: »Geh auf meinen Wegen bei Sonnenschein und Regen immer um die Litfaßsäule rum ...« Eine wichtige Rolle spielte die dicke Werbesäule auch in Erich Kästners Jugendroman »Emil und die Detektive«, in der sie als Sichtschutz für die Kinderbande diente.

»Er baut sich ein Denkmal von Säulen!«

(Aus dem Lustspiel »Ein Tag in der Residenz«)

Über das geheimnisvolle Innenleben der zylindrischen Hohlkörper wurde viel spekuliert. In der berühmten Verfilmung des Graham-Greene-Romans »Der dritte Mann« (1948) entkam der Penicillinschmuggler Harry Lime (Orson Welles) der Polizei immer wieder durch seinen genialen Fluchtweg, der über eine Wendeltreppe im Innern einer Litfaßsäule in die Wiener Kanalisation führte. Die Wirklichkeit war sehr viel prosaischer: Als Ernst Litfaß überraschend früh starb, konnten seine Erben das lukrative Werbemonopol nicht halten. 1880 wurde die Konzession neu an den meistbietenden Unternehmer vergeben. Der neue Eigentümer musste sich verpflichten, von den 300 Säulen 100 Stück zur Unterbringung von Straßenreinigungsgeräten herzurichten – außer Besen also nichts gewesen!

Herbert Hartkopf

Maggis Suppenwürze

Der Klassiker für den Mittagstisch

Der Müllersohn Julius Maggi brachte 1886 die ersten kochfertigen Suppen aus Gemüsemehl auf den Markt. Im gleichen Jahr gelang ihm eine Mixtur, die nur als Zutat gedacht war, seinen Namen jedoch weltberühmt machen sollte: »Maggis Suppenwürze«.

Da steht sie nun seit über 100 Jahren auf dem deutschen Mittagstisch, so selbstverständlich wie der Salz- und Pfefferstreuer: die kleine, braune Flasche mit dem langen Hals, deren Inhalt laut Werbeslogan »das gewisse Tröpfchen Etwas« birgt. Einige Spritzer der aromatischen Brühe genügen, um jedem Gericht, ob Suppe, Eintopf oder Soße, den richtigen Pfiff zu geben – »Maggis Suppenwürze« ist zum Inbegriff der modernen, schnellen Küche geworden.

Markenprodukte mit der Erfolgsstory von »Maggis Suppenwürze« gibt es nur wenige, und es bedurfte schon eines cleveren Vollblutunternehmers wie Julius Maggi, um dem Produkt so dauerhafte Absatzmärkte zu sichern. Dem Lebensmittelpionier, der am 9. Oktober 1846 im Schweizer Kanton Thurgau geboren wurde, war wohl eine gute Mischung aus nördlicher Gründlichkeit und südlichem Wagemut – die Mama war eine Züricher Lehrerstochter, der Vater stammte aus der Lombardei – in die Wiege gelegt worden. Julius Maggi brachte jedenfalls einen ungewöhnlich sicheren Instinkt für Marketing, Betriebsleitung und Mitarbeiterführung in seine Firmengründung mit ein, sodass er seinen Konkurrenten in der aufblühenden Lebensmittelindustrie stets eine Nasenlänge voraus war. Die Strategie der Firma »Maggi«, immer am Puls der Zeit zu sein, hat sich durch ein ganzes Jahrhundert bewährt. Heute vertreibt der Konzern, der nach den Verheerungen des Zweiten Weltkrieges in eine Krise geriet und seit 1947 zur Nestlé-Unternehmensgruppe gehört, fast 300 Markenartikel, die in über 60 Ländern hergestellt werden: Würze und Würzmittel, Suppenwürfel, Suppen, Soßen und Fix-Produkte, Fertiggerichte, Kartoffelerzeugnisse und andere »Küchenhelfer«.

Die »Revolution am Herd«

In langen Gesprächen mit dem Arzt und Sozialpolitiker Fridolin Schuler hatte Julius Maggi erkannt, dass in einer Zeit der stürmischen Industrialisierung und zunehmenden Frauenberufstätigkeit eine »Revolution am Herd« vonnöten sei, um auch den armen Bevölkerungsschichten eine einigermaßen zufriedenstellende Ernährung zu sichern. Fleisch war Ende des 19. Jahrhunderts Mangelware bei den Arbeiterfamilien, und den Frauen fehlte nach einem harten Arbeitstag die Zeit für langwieriges Gemüseschnippeln und Kochen. Eine eiweißreiche Ersatznahrung hatte der Arzt Schuler in den proteinreichen Hülsenfrüchten gefunden, und der einfallsreiche Unternehmer Maggi machte sich daran, deren Zubereitung zu vereinfachen. Im vom Vater übernommenen Mühlenbetrieb in Kempttal bei Zürich stellte er Mehl aus Hülsenfrüchten her und brachte es 1884 mit Erfolg auf den Markt. Zwei Jahre später gelang Julius Maggi die Produktion von Fertigsuppen aus Bohnen- und Erbsenextrakten, die nur kochendes Wasser zur Servierfähigkeit brauchten. Gern nahmen die Arbeiterinnen diese Kochhilfe an, und Maggi beschloss, sein Unternehmen ganz den Bedürfnissen der Zeit anzupassen.

Das »gewisse Tröpfchen Etwas«

Die 1886 gegründete »Julius Maggi & Co« Kommanditgesellschaft entwickelte sich bald zu einem blühenden Unternehmen. Neben die Herstellung von fixen Gemüsesuppen traten die Erfindung des Suppenwürfels und die Produktion von flüssigen Würzmitteln, wobei sich die allseits bekannte Suppenwürze als wahrer Volltreffer erwies. Die braune Soße aus den Proteinen von Weizen, Mais und Reis sowie Erdnuss oder Soja, die in einem Kochprozess ihre charakteristische Würze erhält, ist bis heute Maggis bekanntestes Produkt geblieben. Rund 9000 Tonnen werden jährlich davon produziert. Die dem Geschmack von Liebstöckel ähnelnde Soße verlieh dem Liebstöckel sogar seinen Beinamen als »Maggi-Kraut«, obwohl das Gewürz für die Mixtur gar nicht verwendet wird.

»Das wissen selbst die Kinderlein: Mit Würze wird die Suppe fein. Drum holt das Gretchen munter die Maggi-Flasch' herunter.«

Maggi-Werbeslogan

Seinen Produkten kam die geschickte Vermarktungsstrategie Maggis zugute. Der Chef persönlich kreierte die viereckige Form der Suppenwürzflasche, verpasste den Produkten das einheitliche Markenzeichen des Kreuzsterns und die bis heute üblichen Firmenfarben Gelb und Rot. Noch 1886 richtete er ein »Reclame- und Pressbüro« ein, zu dessen Leiter er den allerdings erst später berühmten Dramatiker Frank Wedekind berief. Poesie war das Massenmedium im Zeitalter des Bildungsbürgertums, und Poesie folgerte Julius Maggi, musste her, um die nüchterne Suppennahrung zu verklären. Franklin Benjamin Wedekind, verkrachter Jurastudent und Literat, schrieb damals, wie andere auch, Gedichte auf Bestellung. Planmäßig wurden die pedantisch-nüchternen Werbetexte im Hause Maggi nun auf eine poetische Linie gebracht. Und der »Annoncenverfasser« Wedekind schrieb und reimte im Akkord: »Das wissen selbst die Kinderlein: Mit Würze wird die Suppe fein. Drum holt das Gretchen munter die Maggi-Flasch' herunter«. Den billigen und dabei nahrhaften Fertigspeisen, die lächelnde Damen auf Litfaßsäulen allerorts offerierten, blieb der Erfolg denn auch nicht versagt.

Julius Maggi reagierte auf die Industrielle Revolution in den Fabriken mit einer Revolution am Herd.

Zügig organisierte Julius Maggi den Auslandsvertrieb seiner Produkte. Neben dem Stammwerk in Singen am Hohentwiel entstanden Niederlassungen u. a. in Paris, New York, Berlin, Wien und London. Sein Imperium regierte der Herr der Suppenwürfel mit harter Hand. Das bekam auch Wedekind zu spüren, der unter den Ansprüchen und der scharfen Kritik seines Dienstherrn litt, bis er 1887 die Firma verließ. Der Firmenchef selbst war ein »Arbeitstier«, der von sich und seinen Mitarbeitern alles forderte. Doch in guter patriarchalischer Manier erkannte Maggi auch die Notwendigkeit der sozialen Absicherung seiner Arbeiterschaft. Auch hier eilte er seinen Konkurrenten weit voraus: 1892 begann er mit der Errichtung billiger Werkwohnungen und dem Aufbau von Betriebskrankenkassen und Firmenkantinen. Der Erlass einer firmeninternen Arbeitsordnung und ein 1907 in Singen ins Leben gerufener Arbeiterausschuss garantierten der Belegschaft ein bescheidenes Maß an Mitbestimmung und verhinderten zumindest die Ausbeutung ihrer Arbeitskraft, wie es andernorts noch üblich war. Vor größeren Streikwellen blieb der Maggi-Konzern so verschont.

Die braune Soße aus den Proteinen von Weizen, Mais und Reis sowie Erdnuss oder Soja ist bis heute Maggis bekanntestes Produkt geblieben.

Die Krisen für das Unternehmen nach beiden Weltkriegen blieben dem Chef erspart. Julius Maggi, der 1901 nach Paris übergesiedelt war, erlitt im August 1912 während einer Sitzung einen Gehirnschlag und verstarb am 19. Oktober 1912 in Küsnacht bei Zürich. Sein Lebenswerk wurde in seinem Sinne fortgeführt und bis heute ist das bekannteste Produkt – unberuhrt von wechselnden Trends in der Ernährung – Maggis »gewisses Tröpfchen Etwas« in der markanten braunen Flasche …

Karin Schneider-Ferber

Nassrasierer

Mit scharfer Klinge

»Selbstrasieren ist ein Vergnügen«: Endlich Schluss mit Barthaaren in der Suppe und Essensresten in der Manneszierde! Vor über 100 Jahren, am 2. Dezember 1901, meldete King Camp Gillette den Nassrasierer zum Patent an …

Endlich die Vollendung! Kein Lernen, kein Experimentieren, wunderbare Präzisionsarbeit. Mühe- und gefahrloses, glattes Rasieren«, versprach ein Werbeprospekt von 1908 den fortschrittlichen Männern, die endlich Schluss machen wollten mit all den unappetitlichen Nebenerscheinungen der Manneszierde: »Wer sich an den Gillette gewöhnt hat, spart Zeit und Geld und verschafft sich dadurch ein wahres Vergnügen.« Gillette – der »Porsche unter den Rasierapparaten« – ersetzte den Herren der Schöpfung den lästigen Gang zum Barbier und nahm ihnen die Furcht vor Schnitten und blutigen Kratzern. Einfach einschäumen, mit dem Sicherheitsapparat übers Gesicht fahren – und schon war er fertig, der tadellos rasierte, hochmoderne Selfmademan!

Was nützt der eleganteste Anzug, wenn ein unrasiertes Gesicht darüber ist?

Millionen Männer benutzten dann die Erfindung des Amerikaners King Camp Gillette, die er am 2. Dezember 1901 zum Patent angemeldet hatte. Wie kein Zweiter hat Gillette das Mode- und Hygienebewusstsein der Männer zu Beginn des 20. Jahrhunderts verändert. Glatt rasiert zu sein galt fortan als Muss. »Was nützt der eleganteste Anzug, wenn ein unrasiertes Gesicht darüber ist?«, konnte man in einschlägigen Ratgeberheften nachlesen. »Der rasierte Herr ist jetzt der moderne Herr, der Gesellschaftsmensch, der Herr kurzweg.« Die Zeiten der großen Barttrachten gingen mit Gillettes einfacher und sicherer Apparatur endgültig zu Ende. Das ist bis heute so geblieben. Zuvor waren Wuchs, Länge und Schnitt des Bartes dem Wandel der Mode unterworfen. Seit der Antike wechselten Phasen der Bartlosigkeit mit Phasen haariger Pracht ab. Im 19. Jahrhundert wurde in Deutschland das Barttragen sogar zur politischen Kundgebung: Wirre »Demagogenbärte« wiesen ebenso wie altdeutsche Kleidung ihre Träger als Patrioten der deutschen Einheitsbewegung aus. Nach der Revolution 1848 wurde der Bart allgemein salonfähig. Kaiser Wilhelm I. trug einen populären Rauschebart, sein Enkel Wilhelm II. den Mode machenden Schnurrbart mit hochgezwirbelten Enden.

Rasieren – ein zeitraubender und schmerzlicher Vorgang

So alt wie der Bart ist auch die Frage nach seiner Appetitlichkeit. Gemeinhin galten Bartträger als unsauber und unzivilisiert; Kritiker hielten ihnen den »Unflat von Speisen und Getränken« in ihren Borsten vor. Schon der griechische Geschichtsschreiber Diodorus berichtete im 1. Jahrhundert voller Abscheu über die langen Schnauzbärte der Kelten: »Wenn sie essen, hängt ihnen der Schnurrbart in die Speise, wenn sie trinken, fließt das Bier wie durch eine Reuse …«

Früh begann man, dem unwirtlichen Stoppelfeld um Backen und Kinn mit Schabern und Messern zu Leibe zu rücken. Das Schaben und Kratzen war allerdings kein Vergnügen.

Früh begann man daher, dem unwirtlichen Stoppelfeld um Backen und Kinn mit Schabern und Messern zu Leibe zu rücken. Bereits aus der Steinzeit sind scharfkantige Feuerstein- und Obsidianklingen zur Rasur bekannt. Das Schaben und Kratzen war allerdings kein Vergnügen, nicht einmal in den seit Ende des 13. Jahrhunderts aufkommenden Barbierstuben. Die Barbiere, die auch Wundbehandlungen, Schröpfen und Aderlässe vornahmen, zeigten sich im Umgang mit ihrer Kundschaft wenig zimperlich. Die Rasur war ein zeitraubender und schmerzlicher Vorgang. Das blieb auch im 19. Jahrhundert so. Die hygienische Lage in den Friseur- und Barbierstuben war schlichtweg katastrophal. Pinsel und Messer wurden nicht gereinigt, wodurch Hautkrankheiten wie die gefürchtete Bartflechte übertragen wurden. Da griff so mancher Geschädigte lieber selbst zum Messer.

Die Selbstrasur war für den Ungeübten allerdings ein Risiko. Eine erste Verbesserung brachten die Ende des 18. Jahrhunderts aufkommenden Sicherheitsmesser. Schutzvorrichtungen wie silberne Schienen, umlegbare Schutzbügel oder Präservativrollen an den Klingen sollten das Eindringen des Messers in die Haut verhindern. Am wirkungsvollsten war der Sicherheitskamm aus Blech, den man einfach über die Messerklinge schob. Um 1870 wurden in Sheffield die ersten »Barthobel« hergestellt. Ihr Sicherheitskamm besaß einen praktischen Handgriff, an dessen oberem Ende die auf vier Zentimeter verkürzte Klinge eingespannt wurde. Die Rasierhobel erfreuten sich um 1900 zwar großer Beliebtheit, störend war allerdings das ständig nötige Nachschärfen der einschneidigen Klingen. Wie lästig eine unscharfe Klinge sein konnte, musste auch King Camp Gillette erfahren, als er 1895 bereits eingeschäumt im Badezimmer stand und die Rasur unterbrechen musste. Noch am gleichen Tag sann er auf Abhilfe des Übels.

Die entscheidende Idee

Gillette, der 1855 in Chicago geboren worden war und als reisender Handelsvertreter für den Kronkorkenerfinder William Painter tätig war, hatte seit Längerem nach einem profitablen Wegwerfprodukt gefahndet. Nach dem Scheitern seines sozialreformerischen Buchs »The Human Drift«, das er 1894 der »ganzen Menschheit« gewidmet hatte, riet ihm sein Chef und Freund Painter, einen Gebrauchsgegenstand zu erfinden, den man ähnlich wie den Kronkorken-Flaschenverschluss immer wieder ersetzen müsste. Bei der Rasur kam Gillette dann die entscheidende Idee … Ausgehend vom Rasierhobel konstruierte er einen handlichen Apparat mit Griff, dessen Klinge zwischen zwei Schraubplatten eingelegt und mittels einer Rändelschraube in Spannung gesetzt wurde. Die auf der gezahnten und gewölbten Grundplatte aufliegende Klinge hatte dabei genau den richtigen Winkel zur Haut. Schwierig war die Herstellung der dünnen, aber hochfesten Klinge aus billigem Walzstahl. Es dauerte sechs Jahre, bis der Mechaniker und Metallurg William E. Nickerson für Gillette eine solche flexible und scharfe Klinge entwickelt hatte. 1901 meldete Gillette seinen Nassrasierer zum Patent an und gründete in Boston die »America Safety Razor Company«. 1903 verkaufte er die ersten 51 Rasierer mit 128 Klingen. Die doppelschneidigen Klingen des zweiseitig verwendbaren Apparates konnten nach mehrmaligem Benutzen leicht ausgetauscht werden; Sicherheit und Handlichkeit ließen die Verkaufszahlen nach oben schnellen. Bereits fünf Jahre später verkaufte Gillette in den USA 300 000 Rasierer mit 500 000 Klingen und wagte ab 1905 den Sprung nach Europa. Mit einer massiven Werbekampagne eroberte sich Gillette den deutschen Markt. Zur weltweiten Verbreitung der Gillette-Klingen kam es durch den Ersten Weltkrieg. Die Verwendung von Gasmasken machte eine tadellose Rasur der Soldaten nötig, und so schickte die US-Regierung ihre Kämpfer mit 3,5 Millionen Rasierern und 36 Millionen Gillette-Klingen Richtung Schlachtfeld.

Die hygienische Lage in den Friseur- und Barbierstuben war schlichtweg katastrophal. Da griff so mancher Geschädigte lieber selbst zum Messer.

Der Kriegseinsatz eröffnete dem Nassrasierer ein glänzendes Nachkriegsgeschäft. Daran änderte sich auch nichts, als 1931 der erste elektrische Rasierapparat serienreif wurde. Als Gillette am 1. Juli 1932 starb, war er vielfacher Millionär. Der heutige Konzern gehört mit 325 000 Mitarbeitern zu den 150 größten Unternehmen der Welt und ist mit dem Erwerb der Firma Braun auch ins Trockenrasurgeschäft eingestiegen. Die Barbiere allerdings mussten sich nach neuer Kundschaft umsehen – und entdeckten in den Frauen eine neue Zielgruppe ...

Karin Schneider-Ferber

Nescafé

Kaffee auf die Schnelle

Von Miami bis Murmansk werden täglich 285 Millionen Tassen Nescafé getrunken! Die Erfolgsgeschichte der Marke begann mit einem Rekord in Brasilien, einem Frankfurter Apotheker und einer kleinen Firma in der Schweiz.

Das Jahr 1930 war ein gutes für die Kaffeepflanzer Brasiliens – ein zu gutes: Die Farmer wussten nicht mehr, wohin mit der Rekordernte. Um einen Preissturz am Weltmarkt zu verhindern, wurden zig Tonnen Kaffeebohnen ins Meer geschüttet. Verzweifelt suchten Latifundienbesitzer und Regierung nach der Möglichkeit, einen Ausgleich zwischen guten und schlechten Ernten zu schaffen. Im Klartext: Wie konnte man den überschüssigen Kaffee in irgendeiner Form konservieren?
Da entsann sich ein Regierungsbeamter in Rio de Janeiro eines Schweizer Unternehmens, das sich als Pionier auf dem Gebiet der Haltbarmachung von Frischmilch in Form von Trockenmilchprodukten bereits einen Namen gemacht hatte: Nestlé. Ein hochkarätiges Forscherteam nahm die südamerikanische Kaffeeherausforderung an und machte sich unter der Leitung von Dr. Max Morgenthaler ans Werk. Nach acht Jahren intensiver Entwicklungsarbeit war eine qualitäts- und aromaschonende Technologie gefunden, die Kaffee haltbar machte. Am 1. April 1938 präsentierte Nestlé den ersten löslichen Bohnenkaffee der Welt: »Nescafé«. Ein neues Zeitalter des Kaffeegenusses begann: Der »Kaffee ohne Kanne« setzte zum Siegeszug um die Welt an.

Am Anfang der Erfolgsgeschichte steht der Name eines 1814 in Frankfurt am Main Geborenen: Heinrich Nestle. Nach absolvierter Apothekerlehre geht er als Wandergeselle auf Reisen. 1839 lässt sich der 25-Jährige in Vevey in der Welschschweiz nieder, »französiert« seinen Namen in Henri Nestlé. Er ist ein ehrgeiziger junger Mann mit einem Gespür für die gesellschaftlichen Entwicklungen seiner Zeit. 1843 macht er sich mit dem Kauf einer Mühle selbstständig. Unter dem Eindruck der hohen Kindersterblichkeit – fünf seiner Geschwister verlor Henri im Säuglingsalter – verfolgt er unbeirrbar ein Ziel: haltbare Kindernahrung herzustellen und vor allem den Müttern zu helfen, die nicht stillen können. Frühe Versuchsreihen zeitigen nicht die erhofften Resultate. Erst die Analyse der Muttermilch durch den berühmten Chemiker Justus von Liebig (1803–1873) ermutigt Nestlé zur Wiederaufnahme seiner Versuche. 1867 zeigen die Bemühungen dann positive Ergebnisse.

Auf der Basis von Getreide und Milch entwickelt Nestlé ein Kindermehl, dessen Erfolg ihn dazu bewegt, seine ganze Energie in die Gründung einer Kindermehlfabrik zu stecken. Von Anfang an hat der Jungunternehmer höchste Ansprüche an Produktqualität und einfache Zubereitung. Sein »Farine Lactée Nestlé« setzt sich klar gegen Konkurrenzprodukte durch. Sieben Jahre später verkauft Nestlé über eine Million Büchsen Kindermehl in 18 Länder. 1874 gilt als offizielles Gründungsjahr des Unternehmens in Deutschland. Zu dieser Zeit wird in Rickenbach bei Lindau die Produktion einer gesüßten Kondensmilch unter der bis heute bestehenden Marke »Milchmädchen« aufgenommen. 100 Jahre später ist aus Nestlés Fabrik der größte Nahrungsmittelkonzern der Welt geworden. Dass Nestlé ausgerechnet mit Kindernahrung – durch enorme Exporte derselben in Dritte-Welt-Länder – in die öffentliche Kritik geraten wurde, hatte sich der 1890 verstorbene Gründer wohl kaum vorstellen können ...

Geröstet, gemahlen, aufgebrüht: von der Bohne zum Kaffee

Kommen wir nun zur Herstellung des löslichen Bohnenkaffees: Hochwertige Rohkaffeesorten werden gemischt, die Kaffeebohnen werden dann geröstet und gemahlen. Der gemahlene Röstkaffee wird aufgebrüht und gefiltert – natürlich in sich ökonomisch rechnenden großen Mengen. Den zurückgebliebenen Kaffeesatz wirft man heute nicht mehr weg, sondern verwendet ihn umweltfreundlich zur Energieversorgung im Werk. Dem reinen, dickflüssigen Kaffeekonzentrat entzieht man dann nach und nach das Wasser. Dazu gibt es zwei verschiedene Verfahren: die Sprühtrocknung und die Gefriertrocknung. Die Sprühtrocknung trocknet den Kaffee im Heißluftstrom, das Wasser verdampft. Zurück bleibt feines Kaffeepulver ohne Satz. Dieses wird leicht befeuchtet und so zu lockeren Kaffeekörnchen geformt. Der Fachmann spricht von »Agglomeration«. Die Gefriertrocknung geht noch schonender mit Geschmack und Aroma des Kaffees um. Zuerst wird der flüssige Kaffee bei -40 bis -50 °C tiefgefroren und zu Körnchen zerkleinert. Die gefrorenen Kaffeekörnchen werden in einem nahezu luftleeren Raum (Vakuum) ganz leicht erwärmt. Dadurch verdampft das gefrorene Wasser, ohne vorher zu schmelzen. Zurückbleiben goldbraune Körnchen mit besonders feinem Aroma. Entsprechende Gläser, Dosen oder Portionspackungen mit speziellen Schutzfolien hindern das Kaffeearoma buchstäblich am Verduften.

Die Abraumhalden mit dem Kaffeesatz wurden zum landesweiten Pilgerziel.

Nach Deutschland gelangte Nescafé 1943, mitten im Zweiten Weltkrieg. In seinen Genuss kam die »normale« Bevölkerung seinerzeit allerdings nicht. Er wurde im Nestlé-Werk in Kappeln an der Schlei (Schleswig-Holstein) ausschließlich für die Wehrmacht produziert, wo er vornehmlich als praktische, wach haltende Pilotennahrung Verwendung fand. Unter britischer Bewachung wurde die Produktion nach Kriegsende fortgesetzt. Als die letzte Kaffeebohne verarbeitet war, zogen auch die Soldaten ab. Die Abraumhalden mit dem Kaffeesatz wurden zu einem landesweiten Pilgerziel – Kaffeeklau statt Kohlenklau war hier die Devise. Die durch die Kriegsjahre koffeinentwöhnten Menschen brauten die Reste noch einmal auf – zum berühmt-berüchtigten »Muckefuck« der Schwarzmarktzeit.

Heute trinken 91 Prozent aller Erwachsenen in Deutschland Kaffee, 72 Prozent davon regelmäßig. Und dabei ist rund um den Globus etwa jede dritte Tasse des heißen Gebräus löslicher Bohnenkaffee, auch »Instantkaffee« genannt (engl. *instant* = sofort, umgehend). Davon wiederum ist etwa die Hälfte Nescafé, der in 25 Produktionsstätten hergestellt und in 150 Ländern verkauft wird. Tagein, tagaus werden in allen Erdteilen 285 Millionen Tassen Nescafé getrunken – das sind 3300 Tassen Nescafé pro Sekunde!

Harry D. Schurdel

Nivea-Creme

Hautpflege weiß und sanft

Hamburg-Eimsbüttel, im Dezember 1911: Ein Pharmazeut steht vor einem Butterfass, rührt Wassertropfen in Öl und mischt Wollwachs aus dem Fell von Schafen dazu. Das Ergebnis ist eine feine Creme, die er »Nivea« nennt …

Dieser pharmazeutische Geniestreich, der wie aus der mittelalterlichen Alchemie anmutet, revolutionierte die Hautpflege und -therapie. Da sich Fett und Wasser nicht verbinden, gab es vordem nur reine Fettcremes. Nun war es gelungen, Wasser und Öle über einen Emulgator zu einer Creme zu verbinden – das Grundprinzip aller künftigen Cremeproduktionen.

Ein Bakterium würde in der Creme verdursten wie ein Wal in einer Badewanne.

Der »Alchemist« hieß Dr. Troplowitz, die »Alchemistenküche«, Geburtsort der Nivea-Creme, befand sich in der Hamburger Firma Beiersdorf. Die Urzelle der Firma lag im Schatten der St.-Michaelis-Kirche, des als »Michel« bekannten Wahrzeichens der Hansestadt. Im Jahre 1890 kaufte der 44-jährige märkische Pharmazeut Carl Paul Beiersdorf die Hammonia-Apotheke in der Mühlenstraße. Der Erwerb des Hauses in einem »Kleineleutemilieu« stellte sich als Fehlinvestition heraus, und Beiersdorf besann sich wieder auf seine umfassenden naturwissenschaftlichen Kenntnisse. Er baute sein Labor aus und machte sich der Hamburger Ärzteschaft mit damals noch wenig üblichen physiologischen und nahrungsmittelchemischen Analysemethoden bekannt. So wurde ein junger Arzt auf ihn aufmerksam, der später einer der berühmtesten Dermatologen Deutschlands werden sollte: Dr. Paul Gerson Unna. Beide Männer taten sich zusammen und entwickelten die sogenannte »Guttaplaste«. Sie ermöglichte eine exakte Therapie der Haut mit genau dosierten Arzneistoffen. Die Patenterteilung am 28. März 1882 gilt als das Gründungsdatum der Firma Beiersdorf. Dann ereilte Carl Beiersdorf ein Schlag, der ihn zutiefst erschütterte: der Selbstmord seines 16-jährigen Sohnes Albert Arthur. Der Schock lähmte den Vater derart, dass er 1890 sein inzwischen ins damals noch preußische Altona verlegte Unternehmen zum Verkauf anbot. Von den Interessenten erhielt ein schlesischer Apotheker namens Dr. Oskar Troplowitz (1863–1918) den Zuschlag: Für 70 000 Reichsmark ging die Firma Beiersdorf unter Beibehaltung des Namens zum 1. Oktober 1890 in den Besitz von Troplowitz über. Carl Beiersdorf indes vermochte nicht mehr Fuß zu fassen: Am 17. Dezember 1896 setzte er in Berlin seinem Leben mit Gift ein Ende. Für die Firma aber kam mit dem neuen Inhaber der eigentliche Aufschwung.

Mit Einführung der klassischen blauen Dose mit weißer Schrift ging die Nivea-Creme auf globalen Erfolgskurs.

Oskar Troplowitz, in Schlesien geboren, hatte 1886 das Studium der Pharmazie abgeschlossen und zwei Jahre später in Heidelberg den Doktorgrad der Philosophie erworben. Nach dem Kauf der pharmazeutischen Fabrikationsstätten des Carl Beiersdorf stürzte sich Troplowitz mit wahrer Arbeitswut in die Forschung und Produktion. Er vollbrachte Pionierleistungen auf mehreren Gebieten, so z. B. bei Verbandspflastern (»Leukoplast«) oder der Zahnpflege. Der Pharmazeut und Philosoph war zudem ein Unternehmer von seltener Weitsicht und sozialer Aufgeschlossenheit: Er führte als Erster in Hamburg den Achtstundentag, bezahlten Urlaub, Mutterschutz, kostenloses Mittagessen und eine betriebliche Altersversorgung ein. 1892 erwarb Oskar Troplowitz auf Hamburger Gebiet am Lokstedter Weg (der heutigen Unnastraße) in Eimsbüttel ein Grundstück, auf dem er ein neues Fabrikationsgebäude und ein Wohnhaus errichtete. Hier ist bis heute der Sitz der Firma Beiersdorf.

Blaue Dose, weiße Creme: »Nivea«

Der Weltruhm des Unternehmens wurde neun Jahre später gelegt. 1911 kaufte Troplowitz eine Eucerinfabrik bei Bremen – inklusive der Rechte am Patent des Dr. Isaac Lifschütz über ein »Verfahren zur Herstellung stark wasseraufnahmefähiger Salbengrundlagen«. Lifschütz hatte sein halbes Leben der Erforschung des Wollfetts gewidmet. Salben und Cremes beruhten bis dahin auf tierischen oder pflanzlichen Fetten, die sich leicht zersetzten, oder auf Mineralfetten, die kein Wasser aufnehmen. Lifschütz isolierte aus dem Wollfett den für die Wasseraufnahme wesentlichen Emulgator und nannte ihn »Eucerit«. Damit gelang es, Vaseline und Wasser zu einer stabilen Emulsion zu vereinigen. Mit Eucerit wurde auch das »Eucerinum anhydricum« gewonnen – bis heute wichtige Basis für medizinische Salben.

Der Name »Nivea« leitet sich vom lateinischen Wort für Schnee ab.

Mit dem Fabrikerwerb war die Firma Beiersdorf zum maßgeblichen Produzenten dieser Salbengrundlage worden. Der schon erwähnte Paul Gerson Unna, inzwischen Professor für Dermatologie, erkannte die Vorzüge des Eucerins und machte Troplowitz auf die zukunftsträchtige Bedeutung aufmerksam. Troplowitz seinerseits hatte die kreative Intuition, in besagter Substanz die Basis für eine bisher fehlende stabile Hautcreme zu finden. Unterstützt von seinen Chemikern unter Leitung von Lifschütz schuf er in wenigen Monaten intensiver Laborversuche eine gut abgestimmte, völlig neuartige Creme, die aufgrund ihrer stabilen Emulsion reinweiß war. Außer Eucerit zur Verbindung der zarten Öle mit Wasser enthielt sie Glyzerin, ein wenig Zitronensäure und zur feinen Parfümierung Rosen- und Maiglöckchenöl. Im Dezember 1922 brachte Dr. Troplowitz das Produkt auf den Markt und nannte es ob seiner Farbe »Nivea«. Der Kunstbegriff bedeutet soviel wie »schneeig«, abgeleitet vom lateinischen Wort *nix, nivis* = Schnee. Als Nivea-Erfinder wird zumeist Dr. Oskar Troplowitz genannt, doch die »Mutter aller Cremes« hatte mehrere Väter; zu nennen sind der Eucerit-Entdecker Dr. Isaac Lifschütz und der wissenschaftliche Berater Prof. Dr. Paul Gerson Unna. Im Jahr 1912 jedenfalls kamen die ersten grüngelben Nivea-Dosen in den Handel. Die Aufmachung entsprach mit ihrer Jugendstilornamentik dem Kunstempfinden der Zeit. Mitte der 1920er-Jahre wandelte sich das Outfit: Die flache Aluminiumverpackung wurde blau lackiert, der Schriftzug schneeweiß. Das dunkle Blau empfand man als beste Komplementärfarbe zum kräftigen Weiß der Creme. Zudem gilt Blau als Farbe der Sympathie, Harmonie, Freundschaft und Treue. Mit Weiß, der Farbe der Unschuld, wird äußere Sauberkeit und innere Reinheit verbunden.

Der Ausbruch des Ersten Weltkriegs verhinderte eine schnelle Verbreitung, doch ab 1925, mit Einführung der klassischen blauen Dose mit weißer Schrift, ging die Nivea-Creme auf globalen Erfolgskurs. Ihr folgte eine riesige Nivea-Familie, die heute die größte Körperpflegemarke der Welt mit über 2 Milliarden Euro Umsatz ist. Unverwechselbar unter allen Produkten des Hautpflegeimperiums blieb aber jene spezielle »Wasser-Fett-Emulsion«, die ein Chemiker bei Beiersdorf einmal so charakterisierte: »Bei Nivea ist das Fett in so winzigen Tröpfchen verteilt, dass ein Bakterium oder sonstiger Keim darin verdursten würde wie ein Wal in der Badewanne«.

Harry D. Schurdel

Nylonstrümpfe

Hauchzart umhüllt

»30 000 Frauen laufen Sturm!« – »Schreiende Massen stürzen voran!« So oder ähnlich lauteten im September 1945 die Schlagzeilen amerikanischer Tageszeitungen von Küste zu Küste. Was war geschehen?

Hatte sich eine Naturkatastrophe ereignet? War der Zweite Weltkrieg neu entflammt? Nichts dergleichen. Grund für die »Panik« vor allem bei den Damen waren sie: Nylonstrümpfe. Das »attraktive Nichts« war nach fünf Jahren endlich wieder auf dem Markt. Vorbei die Zeiten der ungeliebten Kunstseiden- oder Baumwollstrümpfe. Die teuren und empfindlichen Strümpfe aus Naturseide konnten sich nur wenige leisten. Kein Wunder also, dass der Run auf die »No-Runs«, die laufmaschenlose Strumpfware, vielerorts durch ein massives Polizeiaufgebot kanalisiert werden musste.

Viele Frauen überbrückten die nylonlose Zeit mit einem kreativen Trick: Mangels echter Strümpfe malten sie sich mit Kajalstiften die Nähte auf die nackten Beine.

Diese Ereignisse erinnerten viele Frauen an den 15. Mai 1940, den offiziellen »Nylontag«, als in den Damenbekleidungsgeschäften der USA die ersten Nylonstrümpfe überhaupt zu erstehen waren. Bereits Stunden vor Öffnung der Läden hatten sich riesige Schlangen von Konsumentinnen gebildet, und innerhalb von nur zwei Tagen war die gesamte Erstproduktion von vier Millionen Paar verkauft. Doch kaum hatten sich die Ladies an das neue, anschmiegsame Beingefühl gewöhnt, war es mit der Textilherrlichkeit auch schon wieder vorbei. Als 1941 die Vereinigten Staaten in den Krieg eintraten, wurde die Nylonproduktion auf den Bedarf des Militärs ausgerichtet, die Herstellung von Strümpfen nahezu gestoppt. Viele Frauen überbrückten die nylonlose Zeit mit einem kreativen Trick: Mangels echter Strümpfe malten sie sich mit Kajalstiften die Nähte auf die nackten Beine …

Erhitzt und kalt gezogen: die Wunderfaser Nylon

Wer hatte die Damenwelt nun eigentlich mit dieser Beinumhüllung beglückt? Wobei in diesem Fall nicht nur das Produkt, sondern zunächst einmal das Grundmaterial er- bzw. gefunden werden musste: das Nylon. Im Jahr 1928 stellte das im US-Bundesstaat Delaware ansässige Chemieunternehmen DuPont einen Harvardprofessor namens Wallace H. Carothers (1896–1937) ein und übertrug ihm die Leitung einer neuen Forschungsabteilung. Sein Auftrag: Entschlüsselung und Aufbau der für die Herstellung von Kunststoffen entscheidenden Polymere. Und der Herr Professor erwies sich als sehr fleißiger Wissenschaftler: In wenigen Jahren gingen mehr als 50 Patente auf sein Konto, darunter der künstliche Kautschuk Neopren. Carothers' Meisterstück aber – und für seinen Arbeitgeber der ertragreichste Coup – wurde, wie bei so mancher Entdeckung, durch einen Zufall ausgelöst: Carothers' Mitarbeiter Julian Hill erhitzte eines Tages im Jahr 1931 eine Polyestermasse. In die erkaltende zähe Flüssigkeit tauchte Hill einen Glasstab und zog ihn heraus. Zu seiner größten Verwunderung ließ sich der am Stab gebildete Faden enorm in die Länge ziehen.

> »*Es besteht nur aus Kohle, Luft und Wasser. Doch seine Fäden sind fest wie Stahl und fein wie ein Spinnennetz.*«
>
> **Charles Stine, Chefchemiker von DuPont**

Das erregte die Aufmerksamkeit seiner Kollegen, und gemeinsam probierten sie, wie lang der Faden denn werden würde. Sie tauchten erneut einen Glasstab ein und rannten mit dem sich wiederum daran entspinnenden Faden quer durchs ganze Labor – und der Faden immer mit. Was Hill und seine Mitstreiter durch das Spaßexperiment entdeckt hatten, war die Technik des sogenannten Kaltziehens. Wie spätere Analysen offenbarten, ordneten sich die unregelmäßig orientierten Polyestermakromoleküle durch das Ziehen parallel in eine Richtung, wobei sie zusätzliche Verbindungen untereinander (Wasserstoffbrücken-Bindungen) knüpften. Das sorgte für die Transparenz, Festigkeit und Elastizität des Fadens. Dieses Verfahren, das sich DuPont später patentieren ließ, bildete die Grundlage für den Erfolg von Nylon, nicht die Komposition des Ausgangsmaterials.

Nylon, Carothers' Meisterstück – und für seinen Arbeitgeber der ertragreichste Coup – wurde durch einen Zufall ausgelöst.

Aber bis zur Herstellung des eigentlichen Nylons war es noch ein langer Weg. Monatelang wurde weiter geforscht, bis sich im Februar 1935 ein Polyamid kondensieren ließ, das man per Kaltziehtechnik zu einem reißfesten, elastischen Faden ziehen konnte. Noch dreieinhalb Jahre dauerte es, bis unter Anleitung von Professor Carothers weitere verfahrenstechnische Fragen gelöst werden konnten. Über 200 Mitarbeiter waren allein damit beschäftigt, Polyamid zu einem Endlosfaden zu spinnen, bis man mit der Technik des sogenannten »Schmelzspinnens« – die Polyamidschmelze wird durch eine Düse gepresst, abgekühlt und erst dann »kaltgezogen« – den Durchbruch zur Produktionsreife erlangte. Das Nylon, die erste synthetische Faser der Welt, war erschaffen!

»Wir betreten die Welt von morgen!«

Am 27. Oktober 1938 trat Charles Stine, der Chefchemiker von DuPont, stolz vor die Presse und verkündete euphorisch: »Wir betreten die Welt von morgen! Die Firma DuPont hat die erste von Menschenhand entwickelte Textilfaser hergestellt ... Obwohl Nylon aus nichts anderem als Kohle, Luft und Wasser besteht, können daraus Fäden gezogen werden, die fest wie Stahl, fein wie ein Spinnennetz, aber elastischer als jede andere Naturfaser sind – und mit einem unvergleichlichen Glanz.«

Nach zehn Jahren intensivster Entwicklung und einem Aufwand von 27 Millionen Dollar Forschungsgeldern kamen die ersten Produkte aus Nylon auf den Markt – jedoch keineswegs als glänzende Umhüllung von Frauenbeinen. Zunächst einmal stellte DuPont Borsten für die in Amerika berühmten Dr.-West-Zahnbürsten her, und auch Angler durften sich über die enorme Elastizität ihrer neuen Fangleinen freuen. Erst ein Jahr später, 1939, startete das Unternehmen die Nylonproduktion für Strümpfe.

In Deutschland bemächtigte sich sogleich das Militär des neuen Materials: So ersetzten in der Wehrmacht über 35 Millionen Kilometer Nylon die zuvor aus Japan bezogene Seide zur Herstellung von Fallschirmen. Die Weiblichkeit hierzulande hatte ihre ersten Kontakte mit dem anschmiegsamen Beinkleid Ende des Zweiten Weltkriegs durch die US-Besatzungssoldaten. In der Schwarzmarktzeit wurden nach den Zigaretten Nylonstrümpfe zur Zweitwährung, und mit dem Wirtschaftswunder entwickelte sich das Erzeugnis weiter: 1954 kamen die Nahtlos-Feinstrümpfe auf den Markt, ein Jahrzehnt später hatte die Strumpfhose die Damenwelt erobert. Nicht zuletzt die Nylonstrumpfhose beschwerte dem in den 1960er-Jahren aufkommenden Minirock den Modeerfolg. Die Euphorie der Kundinnen an dem so praktischen wie erotisch wirkenden Produkt hält bis heute an. Jährlich werden allein in Deutschland über 300 Millionen Paar Nylons verkauft.

In der Schwarzmarktzeit wurden nach den Zigaretten Nylonstrümpfe zur Zweitwährung.

Der Erfinder selbst erlebte allerdings diese Erfolge nicht mehr. Nach dem Tod seiner Schwester im Januar 1937 verfiel Professor Carothers in tiefe Depressionen. Zudem quälte ihn die Vorstellung, keine anerkennenswerte wissenschaftliche Leistung vollbracht zu haben. Ein Vierteljahr später beging er Selbstmord – drei Wochen, nachdem DuPont das Patent auf den Kaltziehprozess zugesprochen bekommen hatte …

Harry D. Schurdel

Pauschalreisen

Urlaubsträume für Millionen

»Die Teilnehmer müssen früh aufstehen ... Die Pünktlichkeit der Eisenbahngesellschaft verlangt die der Passagiere.« So mahnte der Prospekt zur ersten »Pauschal«-Reise anno 1845, organisiert von einem Mr. Thomas Cook ...

Trotz nachtschlafender Zeit erfüllte fröhliches Geschnatter den Bahnhof von Leicester. Eine erwartungsvolle Reisegruppe war an diesem 4. August 1845 bereits um fünf Uhr morgens auf den Bahnsteig gekommen, um eine vorher gebuchte Vergnügungsfahrt nach Liverpool und Nordwales zu unternehmen. Alle hatten sich an die Forderung des Reiseprospekts nach Pünktlichkeit gehalten. Die Mühen des Aufbruchs wurden durch die perfekte Organisation der Reise voll ausgeglichen. Der Organisator Thomas Cook bot First-Class-Service zu erschwinglichen Preisen. Der Tourist konnte wählen, ob er im Zug erster oder zweiter Klasse fahren mochte, ob er vier Tage in Liverpool verbringen oder mit einem gecharterten Postschiff nach Caernarvon weiter wollte, wo man mit einem Führer den Berg Snowdon erklimmen konnte.

Die Nachfrage nach der Reise war sensationell. »Die Ankündigung des Ausflugs rief eine solche Sensation hervor, dass die Fahrkarten ... vielfach zum doppelten Preis weiterverkauft wurden«, erinnerte sich später Cook. Auf dem Berg beschloss er, weitere Reisen nach Schottland zu organisieren. Ein Jahr später hatte er ein Buchungsbüro in Leicester eröffnet – das erste Reisebüro der Welt! Mit Cook schlug die Stunde des Massentourismus. Er ermöglichte Leuten aus niederen und mittleren Einkommensschichten, in unbekannte Fernen vorzustoßen, und nahm dem im Weltverkehr unerfahrenen Publikum die nötigen Planungen ab.

Thomas Cook, ein zutiefst religiöser und sozial engagierter Mann, hatte bei seinen ersten Fahrten nicht ans Reisen aus Vergnügen gedacht. Im Gegenteil: Der 1808 als Sohn einer Pastorentochter in Melbourne/Derbyshire geborene Cook war strenger Temperenzler und Baptist. Der gelernte Schreiner, der in seiner harten Jugend die Auswüchse der Trunksucht erlebt hatte, widmete sich mit missionarischem Eifer der »Liga für vollständige Abstinenz«. Um den Teilnehmern die Anreise zu den Abstinenzlertreffen zu erleichtern, bemühte sich Cook, Zugfahrten zu verbilligten Preisen zu organisieren. Am 5. Juli 1841 brachte er 570 Personen in einem Sonderzug von Leicester nach Loughborough zu einer Massenveranstaltung gegen Alkoholmissbrauch, laut »Financial Times« ein »neuartiger Versuch, die Arbeiterklasse von der Ginflasche abzubringen«. Die Fahrt fand derart Anklang, dass Cook weitere Gruppenreisen plante, zunächst für Temperenzler, später für alle. Geschäftstüchtig schloss er mit der Eisenbahngesellschaft »Midland Railway« eine Abmachung über die Bereitstellung von Eisenbahnzügen. Er selbst wollte bei den Fahrten Werbung und Betreuung der Kunden übernehmen. Insbesondere die niedrigen Preise garantierten Cook von Anfang an Erfolge. An seiner ersten Schottlandfahrt 1846 beteiligten sich auf Anhieb 350 Personen. Die fünftägige Reise führte nach Edinburgh und Glasgow, wo eine Blaskapelle zur Begrüßung der Touristen aufspielte – gewiss ein unvergessliches Erlebnis für die einfachen Reisenden.

Thomas Cook: Unternehmer mit sozialer Ader

Mit den Eisenbahngesellschaften hatte der aufstrebende Unternehmer allerdings seine liebe Not. Sie kündigten die kurzfristigen Verträge schnell, wenn eine Fahrt lukrativ zu werden versprach, um sie selbst zu übernehmen. Welches Potenzial der aufblühende Massentourismus in sich barg, zeigten die von Thomas Cook und seinem Sohn John Mason organisierten Eisenbahnsonderfahrten zur Weltausstellung 1851 in London. 165 000 Reisende kamen über diesen Weg in die britische Hauptstadt. Aufkommende Konkurrenz und der Ärger mit den Eisenbahngesellschaften ließen in Cook den Gedanken an Fahrten ins und im Ausland reifen. 1855 bot er eine Rundfahrt auf dem Kontinent an, von Antwerpen, Brüssel, Köln, den Rhein entlang über Mainz, Heidelberg, Straßburg nach Paris.

Äußerst beliebt waren Cooks Pauschalreisen nach Paris, die er ab 1861 im Programm hatte. Seine Kunden waren vorwiegend englische Industriearbeiter. Um deren Reiseetat möglichst niedrig zu halten, bot er im Voraus zu bezahlende Coupons an, die neben den Fahrtkosten bereits auch Unterkunft und Verpflegung enthielten. Diese ersten richtigen Pauschalarrangements – sechs Tage Urlaub zu 46 Shilling – erwiesen sich als genial. Etwa 1700 Arbeiter dürften mit diesem Angebot den Kanal überquert haben.

Die Bezeichnung »Cook's tour« wurde in England zum stehenden Begriff für Rundreisen jeder Art.

Sein soziales Herz bewies Thomas Cook mit den »Mondscheinfahrten«, die es Arbeitern ohne Urlaub ermöglichten, wenigstens nachts zu vereisen, oder in der Durchführung von Bildungs- und Sonderreisen für Kinder und Jugendliche. Er brachte sogar Adlige dazu, ihre Parks und Schlösser für seine Gruppen zu öffnen. Wenngleich Cook zunächst wenig an seiner Konzeption »Reisen für alle« verdiente, so war der Aufstieg des Unternehmens doch unaufhaltbar. 1865 eröffnete er sein erstes Reisebüro in London. Das Programm umfasste Fahrten nach Europa – sehr gefragt waren die Schweiz, Italien und Frankreich –, ab 1866 in die USA und ab 1868 in den Nahen Osten. Sein Sohn John Mason eroberte dann eine neue Klientel: die High Society. Die exklusiven Fahrten ins Heilige Land und nach Ägypten boten neben dem Charme des Exotischen allen Komfort. »Thomas Cook & Son« betrieb sogar eine eigene Nilflotte und kontrollierte den gesamten Personenverkehr auf dem Nil. Mit wachsendem Wohlstand konnte Cook etliche Begleitunternehmen betreiben, wie Pensionen, Bergbahnen – u. a. auf den Vesuv – und einen Reisebuchverlag.

Die Bezeichnung »Cook's tour« wurde in England zum stehenden Begriff für Rundreisen jeder Art, »Cookities« nannte man – oft abwertend – die einfachen Pauschalreisenden. Als Thomas Cook 1892 im norwegischen Bergen starb, hinterließ er seinem Sohn und den drei Enkeln ein blühendes Unternehmen, das, in veränderter Wirtschaftsform, bis heute zu den Großen in der Touristikbranche zählt.

Karin Schneider-Ferber

Regenschirm

Schutz von oben

Sie werden vergessen, verloren und gnadenlos jedem Sauwetter ausgesetzt. Dabei waren die ehrwürdigen Ahnen unserer Stockschirme und Taschenknirpse die Schatten spendenden Baldachine orientalischer Herrscher und Götter.

Die Götter wären vor Wut ganz blass geworden, wenn sie gewusst hätten, dass heutzutage jeder mindestens einen Schirm zu Hause hat. Das nützliche Gebilde aus Stangen und Stoff galt nämlich ursprünglich als ein reines Götter- und Herrscheraccessoire. Bis heute könnten sich die ägyptischen Gottkönige mit den chinesischen Söhnen des Himmels darüber streiten, wer zuerst unter dem Schutz eines Schirms wandelte. Folgt man einer Version der »Schirmbiografie«, so waren es die Chinesen, die bereits in der Shang-Dynastie (1532–1028 v. Chr.) Papierschirme als Sonnenschutz verwendet haben. In der anderen Version ist der Sonnenschirm eine ägyptische Innovation und als Zeichen von Macht und Ansehen seit dem 11. Jahrhundert v. Chr. bekannt. Angeblich haben Sklaven den Sonnenschutz über die Herrscherköpfe gehalten, und zusätzlich sollen Schirme teure Geschenke bei langen Prozessionen vor der Sonne geschützt haben. Das englische Wort für Schirm heißt übrigens *umbrella* und kommt aus dem Lateinischen (*umbra* = Schatten), was wiederum direkt auf den Ursprung des Schirms als Schutz vor der Sonne hinweist.

Nachdem der Schirm wahrscheinlich über Griechenland nach Europa gekommen ist, hat ihn die katholische Kirche im 13. Jahrhundert als Zeichen von Macht und Würde übernommen. Nach dem chinesischen Vorbild wurde aus dem Schirm ein Baldachin, unter dem der Würdenträger seine Rede hielt. Ein weiterer Vorteil neben dem Schutz vor Sonne war, dass der Priester schon von Weitem gesehen werden konnte und sich so noch mehr vom Volk abhob.

Vom Sonnenschirm zum Regenschirm

Der große Schritt vom Sonnen- zum Regenschirm ging zögerlich vonstatten – im 17. Jahrhundert in Paris. Dort hielten Kaffeehausbetreiber tragbare Regendächer bereit, damit die Kundinnen trockenen Hauptes vom Café zur Kutsche gelangen konnten. Diese tragbaren Regendächer waren jedoch sehr schwer und wurden als neumodischer Kitsch abgetan, unter den sich kein Mann je gestellt hätte. Die Stangen dieser Regendächer bestanden übrigens aus Fischbein und die Schirme aus Wachstuch.

Bis zum großen Durchbruch des Regenschirms mussten noch über hundert Jahre vergehen. Erst dann war die Zeit reif und die Entwicklung der Regenschirme so weit, dass sie langsam in den Alltag integriert werden konnten.

> »*Ein Bankier ist ein Mensch, der dir seinen Regenschirm leiht, wenn die Sonne scheint. Er will ihn aber in der Sekunde zurückhaben, da es zu regnen beginnt.*«
>
> **Mark Twain**

In England gab es den ersten mutigen Mann, der sich mit einem Regenschirm auf die Straße wagte. Der Legende nach wollte sich Jonas Hanway (1712–1786) bei Regen die Pferdedroschke sparen und trotzdem trocken nach Hause kommen. Nachdem Hanway stets an seinem Regenschirm festhielt, machten es ihm andere Männer nach, und so setzte sich der Regenschirm langsam, aber sicher im regennassen England durch.

Obwohl England bis heute das Regenschirmland schlechthin ist, war der Forscherdrang der Franzosen weitaus größer. Allein zwischen 1791 und 1843 wurden 60 Patente angemeldet, die sich meist mit der Gewichtsreduzierung beschäftigten. Der durchschnittliche Schirm wog damals nämlich bis zu fünf Kilogramm. Um von dem schweren Wachstuch weg zu kommen, experimentierten viele Geschäftsleute mit neuen Schirmbezügen aus Baumwolle, Schirmseide, Alpaka oder dem Halbseidenstoff Gloria. Ebenfalls aus Paris kam die Erfindung des ersten Taschenschirmmodells. Es wurde in der Mitte geknickt und in ein Etui gesteckt.

Trotz aller Fortschritte war der Regenschirm noch weit davon entfernt, so beliebt zu sein, wie er es heute ist. Seinen großen Durchbruch schaffte er erst

1852, als in England ein Schirm präsentiert wurde, der nur noch 750 Gramm wog und ein Metallgestell hatte. Nicht jeder konnte sich damals einen Schirm leisten, da sie handgemacht und damit verhältnismäßig teuer waren.

»Denn der Regen, der regnet jeglichen Tag.«

Shakespeare: »Was ihr wollt«

Den in Deutschland wichtigsten Schritt in Sachen Regenschirm vollzog Hans Haupt in den 1920er-Jahren in Berlin. Der Schirmmacher entwickelte einen Taschenschirm, bei dem das Gestänge ineinandergeschoben und nicht mehr geknickt wurde. Er hatte Erfolg und gründete daraufhin in Berlin die »Knirps GmbH«. Rund 16 Jahre nach der »Knirps«-Einführung präsentierte der Geschäftsmann Hans Haupt die nächste Technikrevolution: den ersten Automatiktaschenschirm, der auf Knopfdruck zu öffnen war. Um die Knirps-Schirme so leicht wie möglich zu machen, hatten sie eine Tragestange aus Aluminium, und die Schirme waren mit leichten Wasser abweisenden Stoffen, wie etwa Nylon, bezogen. Durch die industrielle Herstellung sanken die Preise, und der Regenschirm erlebte nun seinen Einzug in fast jeden Haushalt.

Inzwischen gibt es kleine Schirme, große Schirme, Partnerschirme, Taschenschirme und Familienschirme in sämtlichen Farben, Formen und mit Griffen aus allen nur erdenklichen Materialien. Der Knauf oder Griff des Schirms kann zum Kunstobjekt werden: Vom normalen, gebogenen Griff über den Sterlingsilberknauf, die versteckte Pillendose, das eingebaute Trinkglas oder eine in Baumharz eingegossene Mücke bis hin zur integrierten Taschenlampe oder einem Kompass stehen mannigfaltige Möglichkeiten offen.

Weitere Formen des Schirms heute sind z. B. Fallschirme oder kleine Papierschirmchen auf Eisbechern. Auch der Begriff wurde weiter gefasst, wie etwa als »Schirmherrschaft« bei Veranstaltungen oder Organisationen. Der klassische Handwerksberuf der Schirmmacher ist inzwischen jedoch fast ausgestorben. Aber eines scheint zu überdauern, und bis heute gilt die schöne, doppeldeutige Grundregel: »Ein Schirm im Gepäck ist der beste Schutz gegen Regen.«

Jennifer Bligh

Das Wichtigste immer mit dabei

Millionen von Menschen begeben sich alltäglich auf kleinere oder größere Reisen. Die Anlässe sind so vielfältig wie die Ziele; aber zu welcher Gelegenheit und zu welchem Ort auch immer gereist wird, eine Arbeit fällt dabei stets an: das Ein- und Auspacken. Hierbei ist einer unerlässlich: der Koffer.

Die Geschichte des Koffers war also auch immer eine des Reisens in all seinen Formen. Seit Anbeginn hat sich der Mensch bewegt, und je weiter er sich entwickelte, desto größer wurden »Aktionsradius« und Transportkapazitäten. Doch noch bis zum Ende des 19. Jahrhunderts war die Bevölkerung hierzulande weitgehend unmobil. Lediglich Gaukler und Gesandte, Krieger und Kaufleute, Priester und Pilger legten längere Wegstrecken zurück. Später gingen dann noch die Handwerksburschen auf die Walz, begaben sich die Herren Studiosi auf Wanderschaft und unternahmen Künstler schöpferische Reisen. Nicht vergessen werden sollen aber auch jene Menschen, die unfreiwillig und oft dauerhaft ihre Heimat verließen, sei es aus Kriegsgründen oder aus wirtschaftlicher Not.

Und hier kommen wir schon zu den Vorläufern der Koffer. Schnürte der Wanderbursche noch sein Bündel und zogen die Hirten mit Weidenkörben übers Land, benötigten die Wanderarbeiter des beginnenden 19. Jahrhunderts schon kompaktere Behältnisse: die Truhe (frz. *cofre*). Aufgrund des rasanten Bevölkerungswachstums waren in jener Epoche immer mehr Menschen gezwungen, sich für kürzere oder längere Zeit in der Fremde zu »verdingen«. Sie arbeiteten vorwiegend als Dienstboten in den Städten oder als Knechte und Mägde in der Landwirtschaft. Sie alle verstauten ihre Siebensachen in mehr oder weniger aufwendig gestalteten »Gesindetruhen«. Diese trugen nicht selten Sinnsprüche, die sich auf das entbehrungsreiche Leben ihrer Besitzer bezogen, wie »In Müh und Arbeit bring ich mein Leben zu. Hier kann's nicht anders sein, im Himmel erst ist Ruh«.

Als Gepäckstück der Auswanderer wurde der Koffer buchstäblich zum Hoffnungsträger für Millionen.

In seiner nächsten Entwicklungsetappe wurde der Koffer buchstäblich zum Hoffnungsträger für Millionen: als Gepäckstück der Auswanderer. Sie wollten oder mussten Europa aus religiösen oder politischen, meist aber aus ökonomischen Gründen verlassen. Allein die Zahl der deutschen Emigranten in die »Neue Welt« belief sich zwischen 1830 und 1913 auf etwa sechs Millionen. Und sie alle hatten ihre Habseligkeiten zu verstauen: in Stofftüchern und Taschen, Körben, Kisten – und eben in Koffern. Letztgenannte, ebenso stabile wie seetaugliche Transportbehälter, nannte man im Deutschen »Überseekoffer«, im Englischen hießen sie *steamer trunks*, »Dampfschiffstruhen«.

Auf Reisen immer mit dabei: der Koffer

Ein weiterer und sehr gravierender Einschnitt in der Historie des Gepäcks fand zu Beginn des 19. Jahrhunderts statt. Eine wahre Revolution der Mobilitätsgeschichte setzte ein: das Reisen aus Vergnügen. Das städtische Großbürgertum entdeckte die Natur, der Tourismus begann und damit die Ära seines klassischen Gepäckstückes, des Reisekoffers. Seine Entwicklung führte vom erlesenen Lederkoffer über den Schalenkoffer bis zum Hightechtrolley unserer Tage.

»Ich hab noch einen Koffer in Berlin …«

Schlagertext, u. a. Marlene Dietrich

Die ständig steigende Nachfrage gebot die industrielle Fertigung des ehedem von den »Koffermachern« in Handarbeit gefertigten Transportbehälters. Zwei herausragende Kofferfabrikanten seien erwähnt: die 1850 in

Leipzig gegründete Fabrik von Moritz Mädler und das von Louis Vuitton vier Jahre darauf in Paris etablierte Unternehmen. Begann Mädlers Erfolg mit seinem »Musterkoffer für Handlungsreisende«, setzte Vuitton mit seinen aus edelsten Stoffen und Ledermaterialien gefertigten, stapelbaren Koffern vornehmlich auf die Hautevolee, die oberste Gesellschaftsschicht. Als Kaiserin Eugénie ausschließlich von ihm ihr Reisegepäck fertigen ließ, war Vuitton endgültig ein gemachter Mann.

Zu Beginn des 19. Jahrhunderts entdeckte das städtische Großbürgertum die Natur, der Tourismus begann und damit die Ära seines klassischen Gepäckstückes, des Reisekoffers.

Die Konjunktur der Koffer führte zu einer erstaunlichen Vielfalt an Formen und Funktionen. Neben die diversen Gestaltungsweisen und Größen der »normalen« Koffer traten u. a. Hand- und Kutschenkoffer, Hut- und Necessairekoffer, Apotheken- und Picknickkoffer. Der Koffer war endgültig en vogue. Diesen Inbegriff des Reisens dekorierten ihre meist begüterten Besitzer bald flächendeckend mit Hotelaufklebern der exquisitesten Herbergen der Welt: der Reisekoffer als mobile Plakatwand des Wohlstands.

Zum König aller Koffer geriet jedoch der »Schrankkoffer«. Wiewohl schon um 1870 erfunden, erreichte er in den 1920er- und 1930er-Jahren wahren Kultstatus. Als Kombination aus Schrank und Koffer war er zumeist aus Sperrholz gefertigt, hatte die längliche Form eines Kleiderschranks, wurde wie dieser hochkant aufgestellt und war zumeist nach zwei Seiten aufklappbar. Der »gewöhnliche« Schrankkoffer war etwa einen Meter hoch sowie einen halben Meter breit wie tief und wog gut und gerne seine 30 Kilogramm – ungepackt.

Das Bild der Schrankkoffer ist unauslöschlich mit einer Person verbunden: der Filmschauspielerin und Sängerin Marlene Dietrich (1901–1992). Die zahlreichen Schrankkoffer der Künstlerin, die sie liebevoll »meine Elefanten« nannte, waren so extravagant wie sie selbst. Ihre »Elefanten« waren Teil des »Mythos Dietrich«. Die meisten dieser Ungetüme kosteten mehrere Hundert Reichsmark, trugen die Initialen »M. D.«, gewissermaßen das Markenzeichen ihres Glamours.

Harry D. Schurdel

Reißverschluss

Zipp – und zu!

Wir benutzen sie ganz selbstverständlich, die vielen Alltagshelfer von der Armbanduhr bis zur Zahnbürste. Ihre »Geburt« verdanken wir genialen Tüftlern, glücklichen Zufällen und auch skurrilen Pannen. Ein Beispiel für eine so geniale wie unentbehrliche Errungenschaft ist der Reißverschluss.

Mr. Whitcomb L. Judson, Ingenieur aus Chicago, war recht beleibt. Wie viele »starke Männer« geriet er beim Schnürsenkelknoten leicht außer Puste. Der Ingenieur sann auf Abhilfe und erfand zwei Metallketten, die mittels Schiebeverschluss mit einer Bewegung zusammengezogen werden konnten – die Urform des Reißverschlusses war geboren. Umgehend reichte W. Judson seine Novität beim Patent Office in Washington als »Klemmöffner und -schließer für Schuhe« ein. Man schrieb das Jahr 1893. Des Maschinenbauers Innovation erregte noch im selben Jahr auf der Weltausstellung in Chicago große Aufmerksamkeit.

Zwar hatte bereits 1851 sein Landsmann Elias Howe ein US-Patent angemeldet. Sein Kleiderverschluss bestand »aus einer Reihe von Klammern, die durch eine Verbindungskordel vereinigt werden und auf Rippen laufen oder gleiten.« Doch Howes Idee wurde nie in die Tat umgesetzt, ganz im Gegensatz zu Judsons Erfindung. Besagte Exposition besuchte auch US-Oberst Lewis Walker und war von der Novität so angetan, dass er noch 1893 in Meadville/Pennsylvania die Firma »Automatic Hook & Eye Company« gründete, um mit der Produktion zu beginnen. Judsons Verschluss litt unter allerlei Kinderkrankheiten, und er ging immer noch zu leicht auf! 1902 brachte die inzwischen in »Walkers Universal Fastener Company« umgetaufte Firma das verbesserte Modell »C-Curity« auf den Markt, das jedoch wenig Anklang fand. Auch in Europa waren schon vor Judson kreative Geister am Werk. Das erste deutsche Reißverschluss-Patent wurde 1884 einem Wiener namens F. Poduschka erteilt. Als erstes europäisches Unternehmen stellte dann die »Société Française Ferme-tout Americaine« Reißverschlüsse her. Die Firma war im Jahr 1910 vom schwedisch-amerikanischen Techniker Aronson in Paris gegründet worden. Er hatte vordem bei der »Universal Fastener Company« gearbeitet und versuchte nun, den Franzosen Reißverschlüsse an Kleidern schmackhaft zu machen. Die Pariser Damen freundeten sich mit dem neuen Accessoire allerdings nicht an, zu hässlich und klobig war es ihnen. Dennoch überlebte die Firma – sie stellte fortan Zelte und Postsäcke mit Reißverschlüssen her.

Gewinnbringende Mitgift

Zurück nach Amerika. Hier waren die Herren Judson und Walker 1905 an einem toten Punkt angelangt; die nötigen Verbesserungen ihres Systems wollten nicht gelingen. Hilfe fanden sie in einem jungen Mann aus der Druckluftbremsenfabrik »Westinghouse«, der sich nach anfänglichem Sträuben auf Häkchen und Ösen einließ. Der Mann hieß Gideon Sundback, ein 1880 in Schweden geborener Tüftler, der in Bingen am Rhein das Elektroingenieurdiplom erworben hatte. Sundback beschäftigte sich volle zwölf Monate nur mit zweierlei: dem Reißverschluss und Judsons Tochter, die ihm für seine Entwürfe »Modell stand«. Bei solch hautnaher Zusammenarbeit verwundert es nicht, dass Herr Sundback die junge Frau ehelichte. Eine glänzende Partie, erwarb er doch als Mitgift das Patent seines Schwiegervaters und wurde letztlich mehrfacher Millionär.

Die Pariser Damen freundeten sich mit dem neuen Accessoire allerdings nicht an, zu hässlich und klobig war es ihnen.

Gideon Sundback gilt als eigentlicher Erfinder des bis heute gebräuchlichen Verschlusses: zwei biegsame Stoffstreifen, bestehend aus zwei an Webbändern befestigten Reihen gegenüberstehender Zähne aus Metall oder Kunststoff, den sogenannten Krampen, auf der einen Seite mit Haken, auf der anderen mit entsprechender Vertiefung. Zum Schließen werden die Zähne mittels eines im Schieber befindlichen Keils aneinandergedrückt. Zwei weitere Sundback-Patente ermöglichten die maschinengesteuerte Serienproduktion – rechtzeitig zum Beginn des Ersten Weltkrieges. Erster Massenartikel war ein reißverschlussgesicherter Geldbeutel am Gürtel amerikanischer Marinesoldaten. Im Jahr darauf ließ die Marine ihre Lotsen mit wetterfesten Reißverschlussanzügen ausstatten, wenig später wurden die Fliegerkombinationen der Piloten damit versehen.

Nach dem Krieg kam endlich auch die Zivilbevölkerung in den Genuss der Errungenschaft. 1923 wurde die Bekanntheit durch Überschuhe mit Reißverschluss der US-Firma B. F. Goodrich erhöht. Es war ein Angestellter dieses Unternehmens, der den nicht nur in den USA gebräuchlichen Ausdruck »Zip« (*zip* bedeutet Schmiss oder Schwung) prägte. Gerade bei eng anliegenden Kleidungsstücken hatte der schnelle Verschluss große Vorteile gegenüber Knöpfen und Häkchen.

Alsbald »zippte« man auch in Europa. 1927 konnte man in England die ersten Sportanzüge mit Zipper kaufen, und ab 1935 kamen Männerhosen mit Reißverschluss auf den Markt. Mit einem fatalen Effekt: Immer wieder vergaßen die Herren der Schöpfung, denselben zuzuziehen. So empfahl eine Frauenzeitschrift, dem Beinkleid des Gemahls beim Verlassen des Hauses einen diskreten Kontrollblick zuzuwerfen und ihn gegebenenfalls auf »Offenstehendes« aufmerksam zu machen … In Deutschland war es, wen wundert's, der schwäbische Unternehmer Karl F. Nägele, der anno 1930 in Stuttgart-Hohenheim die ersten automatisierten Reißverschlussmaschinen aufstellte. Der endgültige Durchbruch für die Schließmechanik kam, als Elsa Schiaparelli in Paris den Reißverschluss in die Haute Couture einführte. Die Designerin schockte 1930 die Modewelt mit regenbogenfarbenen Zierreißverschlüssen. Mit dem Siegeszug des Nylons in den 1940er-Jahren wurde auch der Reißverschluss zur Massenware. Heute produzieren allein deutsche Firmen pro Jahr 70 Millionen laufende Meter Reißverschlüsse im Gesamtwert von über 75 Millionen Euro.

Über die Funktionalität hinaus wurde der Reißverschluss auch zum Reizverschluss. Sei es Mick Jaggers halb geöffneter Hosenlatz als Zeichen der sexuellen Revolution auf einem »Time«-Titel 1969, ein Marlon Brando als zippgespickter Halbstarker oder ein knisternder Gleitverschluss im Dienst der Erotik – an Dessous aus Spitze, Lack und Leder …

Harry D. Schurdel

Schlafanzug

Eine Party für den Pyjama

Am besten sehen Schlafanzugoberteile an einer Frau aus. Finden Männer heute. Dabei ist die »lose um die Hüfte geknotete Hose«, was »Pyjama« aus dem Hindi übersetzt heißt, bis nach dem Ersten Weltkrieg eine rein männliche Angelegenheit gewesen.

Während der Schlafanzug bei uns meistens ein belächeltes, biederes Schattendasein führt, gilt es in Asien auch heute geradezu als chic, abends im Pyjama durch die Straßen zu laufen und den Nachbarn »Hallo« zu sagen.

Bereits im 17. Jahrhundert war es in Persien und Indien gang und gäbe, sich für die Nacht umzuziehen. Dazu wurde eine lockere Hose mit einer Schnur um die Hüfte gebunden, ein weites Hemd komplettierte die Schlafgarnitur. Der *pay dschama* war durch die genähten Beine ein Novum – bis dahin wurden Hosen im asiatischen und persischen Raum hauptsächlich gewickelt. Englische Kolonialherren brachten um 1850 das genähte Schlafgewand nach Europa. Dort hatte man bis dahin nackt geschlafen oder Nachthemden getragen.

Bei diesen Vorläufern des Pyjamas handelt es sich um meist knöchellange weiße Hemden mit zwei Knöpfen am Hals. Es gab schlichte Ausführungen, aber auch mit Stickereien verzierte und mit Rüschen versehene Luxusmodelle. In Kombination mit einem Morgenrock galt es im 17. Jahrhundert sogar als chic, zu Hause darin herumzulaufen oder Gäste zu empfangen. Ab dem 18. Jahrhundert trugen auch Frauen Nachthemden und darüber Nachtjacken, um sich gegen Kälte zu schützen.

Die meisten Schlafgewänder des 19. Jahrhunderts reichten bis zu den Knöcheln, waren bis oben hin zugeknopft und mit reicher Spitze verziert. Doch Mitte des 19. Jahrhunderts begann der Siegeszug des Pyjamas: Der neu eingeführte Schlafanzug war schlicht und männlich – und entsprechend anfangs auch nur Männern vorbehalten. Frauen trugen weiterhin Nachthemden, denn in der Nacht Hosen anzuziehen, hätte als sehr unschicklich gegolten. Zu dieser Zeit wurden Frauen in Hosen gerade mal beim Sport akzeptiert.

Große Befürworter des Pyjamatragens waren von Anfang an britische Ärzte: Die Erkältungsgefahr sei geringer, falls man sich nachts unbemerkt aufdecken sollte. Außerdem werde die Würde des Mannes auch nachts gewahrt und morgens könne er im Zimmer umherspazieren, ohne nackt zu sein. Ganz davon abgesehen konnte der Mann so jederzeit seine Frau vor Verbrechern schützen, ohne sich vorher erst noch anziehen zu müssen.

Die Eroberung des weiblichen Kleiderschranks

Der Schlafanzug als Nachtkleidung für das weibliche Geschlecht hielt erst nach dem Ersten Weltkrieg Einzug in die Kleiderschränke der Damen. Entsprechend begann die Blüte des Damenschlafanzugs in den 1920er-Jahren, als zweiteilige Pyjamas aus Seide und Baumwolle hergestellt wurden. Klassischerweise war das Oberteil hemdähnlich geschnitten und weit, während die Hose vorne mit Knöpfen geschlossen wurde. In Asien sind die Hosenbeine auch weiterhin höchstens dreiviertellang, im Gegensatz zu Europa, wo die Beine des Pyjamas in der Regel bis über die Knöchel reichen.

*In Asien gilt es auch heute geradezu als chic,
abends im Pyjama durch die Straßen zu laufen
und den Nachbarn »Hallo« zu sagen.*

In der Folge wurde der Pyjama wichtigstes Accessoire einer speziellen Art der gesellschaftlichen Kommunikation: Der Pyjama-Party. Vor allem bei Frauen und Kindern beliebt, werden die Gäste einer Pyjama-Party eingeladen, im Gastgeberhaus zu übernachten. Schon im Schlafanzug, bleibt man dann extralange auf und tratscht oder liest, bis alle einschlafen. Manchmal werden auch Gesellschaftsspiele hervorgeholt, Filme gezeigt oder Kissenschlachten veranstaltet. Der Pyjama bietet dabei die Möglichkeit, ganz ungezwungen miteinander umzugehen.

Apropos ungezwungen: 1882 notierte der französische Schriftsteller Edmond de Goncourt, dass der *pay dschama* die typische Bekleidung von Zuhältern sei. Weitere Nachweise für diese eher dubiose Rolle gibt es aber nicht. Ganz im Gegenteil: Der Schlafanzug galt und gilt noch heute eher als »gutbürgerlich«, ja fast spießig. So hielt er auch Einzug in die Filmstudios: Was wären die Slapstickkomödien, allen voran diejenigen mit dem unsterblichen Komikerduo Laurel & Hardy, ohne die unvermeidlichen Katastrophenszenen im gestreiften Nachtgewand!

Dass der Pyjama am weiblichen Körper nicht die Sittenwächter auf den Plan rief, war in erster Linie der Schauspielerin Doris Day zu verdanken: Die blonde und tugendhafte Strahlefrau aus den 1950er-Jahren hat gleich mit mehreren Kultfilmen, wie »Picknick im Pyjama« (»The Pajama Game«), »Ein Pyjama für zwei«, (»Lover come back«) oder »Bettgeflüster« (»Pillow Talk«), das Image des Schlafanzugs nachhaltig geprägt. In diesen Filmen spielt die legere Nachtbekleidung immer wieder eine Hauptrolle als zweifellos erotisches, aber letztlich doch braves Modeaccessoire – zum Ansehen, aber keinesfalls zum Ausziehen! Mehr Sex-Appeal verbreitete ab 1956 der »Baby-Doll«-Schlafanzug, bestehend aus kurzen Puffhosen und dazu passendem losem Leibchen.

Der Pyjama schrieb auch Kriminalgeschichte: 1934 wurde ein weiblicher Körper, nur mit einem gelben Seidenpyjama bekleidet, in der Nähe des australischen Orts Albury gefunden. Die Obduktion ergab, dass es sich um eine Frau im Alter zwischen 20 und 30 Jahren handelte, allerdings war der Körper so verbrannt, dass man ihn nicht umgehend identifizieren konnte. Erst zehn Jahre später lenkte ein Zahnvergleich den Verdacht auf den Ehemann der verschwundenen Linda Agostini. Tatsächlich gestand dieser: »Ich habe meine Frau umgebracht.« Der Pyjama-Mord schien aufgeklärt. Doch Tony Agostini wurde zur allgemeinen Verwunderung nur wegen Totschlags zu sechs Jahren Haft verurteilt.

In den 1980er-Jahren hat der Historiker Richard Evans den Fall erneut aufgerollt, wobei er auf erhebliche Widersprüche stieß. Evans geht davon aus, dass die wahre Identität des Pyjama-Girls nach wie vor ungeklärt ist. Sein Buch über den Fall wurde mehrfach verfilmt. Das Spiel von Verbergen und Enthüllen, das den Reiz des Pyjamas ausmacht, kann also mitunter auch eine düstere Dimension gewinnen.

Jennifer Bligh

Süße Versuchung

Die Geschichte der Schokolade begann im Gebiet des heutigen Mexiko – und zwar bei den Olmeken. Vor rund 3000 Jahren waren sie wohl die ersten Kakaopflanzer. Nach Europa kam das Getränk erst im 16. Jahrhundert.

Ob zu Weihnachten, zu Ostern, an Geburtstagen oder auch nur so zwischendurch: Fantasievolle Köstlichkeiten aus Schokolade sind etwas Besonderes.

Am Anfang jedes Kakaogetränks und jeder Schokolade steht der Kakaobaum. Der bis zu 15 Meter hohe Baum gedeiht nur in tropischen Regenwäldern mit feuchtem, windarmem Klima und gleichbleibender Wärme. Seine gelblichen Früchte, die später rötlich braun werden, wachsen direkt am Stamm und vor allem an kräftigen Ästen. Gleich nach der Ernte wird die leicht verderbliche Ware verarbeitet: Der Gärungsprozess dauert zwei bis sechs Tage. In dieser Zeit wird das zuckerhaltige Fruchtmus abgebaut, und der ursprünglich bittere Geschmack nimmt ab. Das eigentliche Aroma entwickelt sich dann beim Trocknen – Rohkakao enthält rund 60 Prozent Wasser – und späteren Rösten. Gewogen, klassifiziert, geprüft und in Jutesäcke abgefüllt, treten die Bohnen ihre Reise zum Verbraucher – meist jenseits tropischer Gefilde – an.

Kakao – Gabe für die Götter und Zahlungsmittel

Als nahezu sicher gilt, dass die Olmeken, die zwischen 1500 und 400 v. Chr. die heutige mexikanische Golfküste besiedelten, als Erste Kakaopflanzen züchteten. Später wurden auch Maya und Azteken Liebhaber der braunen Bohnen. Funde aus Gräbern adliger Maya zeigen, dass Kakao vor allem ein Getränk der Elite war. Serviert wurde er dem Königshaus, den Würdenträgern und Fernhandelskaufleuten – und auch Kriegern, die sich Kraft antrinken durften.

Während die Maya ihren Kakao gerne heiß zu sich nahmen, genossen die Azteken ihn vorzugsweise kalt, in allen erdenklichen Mischungen. Allgemein beliebt war das Hinzufügen von Chilipulver. Ein anderes Rezept empfahl, die zermahlenen Kakaobohnen mit Maismehl, Pfeffer und Vanille zu mischen und mit Wasser aufzugießen.

Cacauatl – wie ihn die Azteken nannten – wurde auch den Göttern geopfert und für Rituale und Feiern verwendet – aufgrund seiner rötlich braunen Farbe war er das Symbol für Blut. Schließlich trat Kolumbus auf den Plan. 1502 reiste er zum vierten Mal nach Amerika. Der Zufall wollte es, dass er mit seinen Männern in der Nähe des heutigen Honduras auf ein Handelskanu der Maya traf – beladen mit Schätzen der »Neuen Welt«. Kolumbus ließ das Kanu kapern. Dabei beobachtete er, wie auffallend sorgsam die Maya vermeintlich »nutzlose Mandeln« behandelten. Der Grund: Sie dienten den Völkern Mittel- und Südamerikas als Zahlungsmittel. Ein Kürbis z. B. war vier, ein Sklave 100 und ein Truthahn 200 Kakaobohnen wert. Das »Bohnengeld« behielt seine Funktion als Nebenwährung noch in der Kolonialzeit bei.

Bei den Maya war Kakao vor allem ein Getränk der Elite. Serviert wurde er dem Königshaus, den Würdenträgern und Fernhandelskaufleuten – und auch Kriegern, die sich Kraft antrinken durften.

Zunächst waren die Spanier vom Geschmack des Kakaos wenig begeistert. Das schaumig geschlagene »Eingeborenengetränk« wurde gar als »Gebräu für Schweine« bezeichnet. Erst Eingeborene, die als Haussklaven dienten, brachten ihre Herrschaft auf den Geschmack.

1544 reisten dominikanische Mönche mit einer Abordnung adliger Maya nach Spanien und brachten dem Monarchen auch geschlagenen Kakao mit. Es dauerte nicht lange, und die Spanier wurden nun für »ihren« Kakao berühmt. Ärzte empfahlen ihn als »Stärkungsmittel«, und so wurde Kakao in Apotheken verkauft. Die adligen Damen von San Christobal klagten bald über solche Schwächezustände, dass sie die »Kakaomedizin« sogar während längerer Gottesdienste benötigten. Binnen kurzer Zeit wurde das braune Getränk nun in Europas vornehmen Kreisen en vogue. Der Gelehrte Francesco Redi erfand am toskanischen Hof Jasminschokolade, die Kirche befasste sich mit der Frage, ob Kakao den Bestimmungen der Fastenzeit unterlag, und die Wissenschaft interessierte sich für die Wirkung des Kakaos: War er stärkend, gar ein Aphrodisiakum, oder eher ein Giftgebräu? Der Beliebtheit des Kakaos taten diese Dispute indes keinen Abbruch.

»Braunes Gold« in Tafelform

Bei der Herstellung bzw. Verarbeitung des Kakaos war bis zur Industrialisierung Handarbeit angesagt. In Nordamerika mahlte John Hannon um 1750 mithilfe einer Kornmühle Kakao. In Barcelona wurde 1780 das erste Mal Schokolade maschinell hergestellt. Die Massenproduktion in Deutschland begann 1756. Prinz Wilhelm von der Lippe hatte in Steinhude eine Fabrik errichtet und portugiesische Arbeiter – Künstler in der Schokoladenherstellung – ins Land geholt. Eine ganz entscheidende Erfindung machte der niederländische Chemiker Coenraad van Houten im Jahr 1828: eine Methode zur Entfettung und Alkalisierung von Schokolade. Van Houtens »Kakaobutterpresse« erlaubte die Herstellung in großen Mengen, und zwar sowohl als Pulver als auch in fester Form. Nun konnten sich breite Bevölkerungskreise den süßen Genuss leisten, und konkurrierende Produzenten überschlugen sich mit technischen und geschmacklichen Verbesserungen. Vor allem in Tafelform ging das »braune Gold« nun auf Erfolgskurs, und die stetig wachsende Nachfrage machte den Handel mit Schokoladenwaren lukrativ.

Napoleon, Goethe und Casanova – sie alle waren leidenschaftliche Schokoladengenießer.

Im »süßen« Wettkampf setzte ein kleines Land ganz besonders auf Qualität statt Masse: 1819 eröffnete François-Louis Cailler in Corsier die erste Schokoladefabrik der Schweiz, wo er mit selbst erfundenen Maschinen arbeitete. 1875 brachte Daniel Peter die erste Milchschokolade auf den Markt und vier Jahre später präsentierte Rodolphe Lindt die erste Schokolade, die »auf der Zunge schmilzt«. Daher genießen die Schweizer »Schokonamen« weltweiten Ruf und haben die Schweiz zur regelrechten »Schoko-Nation« gemacht. Belgien, harter Mitkonkurrent um den Schokoladenthron, hat sich als »Pralinen-Nation« etabliert. Jean Neuhaus kreierte ab 1912 das edle Konfekt, nachdem er eine Schokoladenglasur entwickelt hatte, die eine flüssige Füllung hielt.

> *»Durch den täglichen Genuss von Schokolade wird die Gesundheit wiederhergestellt und das Leben verlängert.«*
>
> **Dr. Beherens, Leibarzt des Kardinals Richelieu**

Seit Beginn des 10. Jahrhunderts hat sich die Herstellung von Schokolade in den wesentlichen Arbeitsschritten kaum mehr verändert: Die Bohnen werden gelagert, gereinigt, geröstet, gebrochen und geschält; dann nach streng geheimen Firmenrezepten gemischt und gemahlen. Die Zutaten werden weiter geknetet, gewalzt, verfeinert und gelagert, bis sie zur endgültigen Form verarbeitet werden.

Die Deutschen vernaschen jährlich pro Kopf acht Kilo Schokolade und belegen damit hinter den Schweizern Platz zwei der internationalen Rangliste. In beiden Nationen ist die süßere Milchschokolade sehr beliebt, während die Franzosen dunkle Schokolade mit kräftigem Aroma bevorzugen. Die Engländer lieben ihre Schokolade mit Pfefferminzfüllung, Spanier und Italiener präferieren Kombinationen mit Nüssen und Früchten. Wer der süßen Versuchung unterliegt, ist jedenfalls um historische Vorbilder nicht verlegen: Napoleon, Goethe und Casanova – sie alle waren leidenschaftliche Schokoladengenießer.

Katja Chmelik

Staubsauger

Mehr als 100 Jahre im Dienst der Sauberkeit

Der wackere Kämpfer gegen Staub und Schmutz feierte im Jahr 2001 100. Geburtstag. Erster Kunde des Saubermachers war Seine Majestät, der König von England.

Das Gerät galt als Sensation, und war doch eine Enttäuschung. Die neuartige »Entstaubungsmaschine« zum Reinigen von Eisenbahnwaggons, die 1898 in der Londoner Empire Music Hall vorgeführt wurde, arbeitete laut, spektakulär – und recht wirkungslos. Zwar wirbelte Druckluft den Schmutz auf, der eingebaute Blechkasten jedoch war nicht in der Lage, ihn aufzufangen. Nach wenigen Minuten war alles genauso schmutzig wie zuvor.

Ein Zuschauer, der junge Brückenbauer Hubert Cecil Booth, suchte nach dem grundsätzlichen Fehler des Gerätes. Als er einige Tage später in einem Restaurant seinen Mund gegen die Rückseite eines Plüschsessels presste, heftig einatmete und den ganzen Mund voller Staub und Dreck hatte, war ihm klar: Nicht mit Blasen, mit Saugen kommt man zum Erfolg. 1901 erhielt Booth das Patent auf sein erstes Gerät. Der Staubsauger war erfunden.

Aus dem modernen Haushalt ist der praktische Helfer nicht mehr wegzudenken. Die einst so mühsame Arbeit des Bodenfegens und Teppichklopfens ist in wenigen Minuten erledigt. Allein hierzulande werden jährlich etwa drei Millionen Geräte verkauft, die mit einer Motorleistung von mehr als 1000 Watt und ausgeklügelter Luftführung extreme Saugleistungen erbringen. Feinstfilter halten bis zu 99,9 Prozent des Staubs zurück, Aktivkohlefilter bremsen üble Gerüche, und Spezialgeräte für Allergiker töten sogar die berüchtigte Hausstaubmilbe ab.

Vom wahren Ungetüm zum Handstaubsauger

An dem von Hubert Cecil Booth erfundenen Grundprinzip hat sich seit 100 Jahren nichts geändert, wenngleich sein erster Staubsauger noch ein wahres Ungetüm war. Fest aufgebaut auf einem vierrädrigen Wagen, musste er von Pferden gezogen werden. Damit fuhr Booth vor das Haus des Kunden vor. Mithilfe von mehreren je 240 Meter langen (!) Schläuchen, die durch Fenster in die Wohnung geführt wurden, konnte der Kampf gegen Schmutz und Dreck aufgenommen werden, ein Elektromotor sorgte für den nötigen Unterdruck. Einer der ersten Aufträge kam ausgerechnet vom königlichen Hofe: Booth wurde beauftragt, für die Krönung des neuen Königs Eduard VII. den riesigen blauen Teppich in der Westminster Abbey zu saugen. Das Ergebnis war überaus eindrucksvoll, die Putzkolonne staunte nicht schlecht über die riesige Menge Dreck, die da unter dem Thron ans Tageslicht kam. Seine Majestät war derart beeindruckt, dass er alle Räume im Buckingham Palace reinigen ließ. Der Staubsauger war hof- und gesellschaftsfähig geworden, wenn sich zunächst auch nur reiche Haushalte diesen Reinigungsluxus bestellen konnten.

Das Verdienst, den Apparat in eine handliche und für alle nutzbare Form gebracht zu haben, kommt dem Deutschamerikaner James Murray Spangler zu. Als Hausmeister in einem Kaufhaus in Canton/Ohio hatte er ständig Läufer und Teppiche zu säubern. Da er wegen einer Hausstauballergie oft unter Hustenanfällen litt, begann er, an einem Gerät für »staubfreies Reinigen« zu basteln. Aus dem Elektromotor eines Musikautomaten, den er in eine Seifenkiste einbaute, entstand sein Staubsauger, als Sack für den aufgesaugten Schmutz verwendete Spangler einen Kissenbezug. 1908 erhielt er das Patent für seine Erfindung.

Das Geschäft ging eher schlecht als recht, bis eine gewisse Susan Hoover ein Exemplar kaufte. Deren Mann William, ein wohlhabender Fabrikant für Lederwaren und Automobilzubehör, erkannte sofort das Potenzial des Gerätes. Für eine monatliche Rente von 200 Dollar kaufte er Spangler die Rechte für die Herstellung ab und begann mit der Massenproduktion. In Zeitungsanzeigen pries er die Erfindung an, Interessenten erhielten den Sauger zehn Tage kostenlos zur Probe. Hoovers Kalkül ging auf, der Staubsauger, aus heutiger Sicht eine primitive Mischung aus Dudelsack und Brotkasten, fand reißenden Absatz. In kürzester Zeit baute der clevere Geschäftsmann ein landesweites Vertriebsnetz auf und wurde zum vielfachen Millionär.

Mit dem »Kobold« zum Kampf gegen den Dreck

Die fortschreitende Elektrifizierung der Haushalte ermöglichte den unaufhaltsamen Siegeszug des kleinen Staubvernichters. Nach dem Ersten Weltkrieg begann auch in Deutschland die Staubsaugerfabrikation im großen Stil. Etliche Elektrogerätefirmen stiegen in das lukrative Geschäft ein und offerierten den Kunden Multifunktionsgeräte, die jedoch oft noch reichlich voluminös waren. 1930, mitten in der Weltwirtschaftskrise, änderte sich das schlagartig: Am 25. Mai erhielt die Teppich- und Maschinenfabrik »Vorwerk & Co.« aus Wuppertal-Barmen das Patent für den elektrisch betriebenen Handstaubsauger mit dem ebenso einprägsamen wie vielversprechenden Namen »Kobold«. Das Gerät war eine Sensation. Es kam ohne sperriges Gehäuse aus und bestand bloß aus Motor, Saugbeutel und Stiel. Als Folge konnte es relativ günstig verkauft werden. Dabei war der »Kobold«, der rasch zum guten Geist in den deutschen Haushalten werden sollte, eigentlich ein Zufallsprodukt, eher nebenbei entstanden. Weil das Grammofongeschäft der Firma »Vorwerk« mit dem Aufkommen des neuen Radios 1929 zum Erliegen gekommen war, suchte der Chefkonstrukteur, der Ingenieur Engelbert Gorissen, einen Ersatz. Um den Motor des Grammofonlaufwerks baute er ein Gehäuse mit Saug- und Blasstutzen und steckte ein Gebläserad auf die Achse – fertig war das Herz des Staubsaugers. Der »Kobold« wurde in Deutschland, was der »Hoover« in englischsprachigen Ländern ist: zum Synonym für den Staubsauger schlechthin. Dabei taugte er mit allerlei Zusatzgeräten auch zum Bohnern, zur Polsterreinigung, als Heißluftdusche, als Zerstäuber, als Trockenhaube und Föhn und sogar zur Tierpflege.

Schmutz und Staub sind überall, und auch wir tragen dazu bei: Jeder Mensch verliert pro Sekunde einige Tausend Hautschuppen – 40 Kilogramm im Laufe seines Lebens! In einer Großstadt finden sich in einem Fingerhut voll Luft rund 50 000 Partikel. Dank Hubert Cecil Booth, James Murray Spangler, William Hoover, Engelbert Gorissen und allen anderen Vätern des Staubsaugers kann der Mensch im täglichen Kampf gegen den Dreck immerhin bestehen. Gewinnen wird er ihn wohl nie …

Karin Schneider-Ferber

Strandkorb

Neuer Luxus für Deutschlands Seebäder

Er gehört zum Urlaub an den Küsten der Nord- und Ostsee wie die Badehose, die Sonnencreme und der Wasserball – der bunt gestreifte Strandkorb ist nicht nur Sonnenschutz und Schattenspender, sondern auch Kuschelhöhle, Liebesnest und voll ausgestattete Open-Air-Pension mit allen Raffinessen.

Vielleicht müssten die Sonnenanbeter und Wasserratten von heute aber noch immer auf den bequemen Ruhesitz am langen, weißen Sandstrand verzichten, hätte Elfriede Maltzahn aus Kühlungsborn, eine »ältere adlige Dame«, wie es in den zeitgenössischen Quellen heißt, nicht an einer »fortschreitenden rheumatischen Erkrankung« gelitten. Weil sie aber trotz ihrer Beschwerden nicht auf das quirlige Strandleben in den beliebten kaiserlichen Seebädern an der Ostsee verzichten wollte, beauftragte Elfriede Maltzahn im Jahre 1882 Wilhelm Bartelmann aus Rostock, ihr eine spezielle Sitzgelegenheit für den Strand »zum Schutz gegen Sonne und Wind« anzufertigen.

Bartelmann war genau der richtige Mann für diese Herausforderung: Er hatte 1870 im Alter von 25 Jahren in der Hansestadt Rostock eine Korbmacherwerkstatt eröffnet und war wenig später zum »Hofkorbmachermeister« des Großherzoglichen Hofes ernannt worden. Also machte sich Bartelmann an die Arbeit und baute 1882 seinen ersten »Strandstuhl« aus heimischer Weide und bunt gestreiftem Markisenstoff. Die Idee war nicht ganz neu; schon im 17. Jahrhundert standen in holländischen Stuben Stühle, die hinten und an den Seiten von einem »Umbau« umgeben waren, um die Sitzenden vor Zugluft zu schützen.

Elfriede Maltzahn war begeistert – der großherzogliche Hofkorbmacher Wilhelm Bartelmann hatte eine Marktlücke entdeckt. Ein Jahr später,

1883, baute er einen »Zweisitzer«. Zwar spotteten einige Zeitgenossen über das massige Ungetüm und nannten es »einen aufrecht stehenden Wäschekorb«, doch das konnte den Siegeszug des Strandkorbs nicht stoppen. Immer mehr Badegäste wollten, statt im feuchten Sand zu liegen, im bequemen Stuhl sitzen, geschützt vor Sonne und Wind und den neugierigen Blicken der Nachbarn.

Zeitgenossen spotteten über das massige Ungetüm und nannten es »einen aufrecht stehenden Wäschekorb«.

Weil sich allerdings die allerwenigsten solch eine »Kiste« leisten konnten, »erfand« Bartelmanns Ehefrau Elisabeth mit ihrem Riecher fürs Geschäft gleich auch noch den Strandkorbverleih und gründete 1883 einen Laden in Warnemünde. Stunden-, tage- oder gar wochenweise konnten sich die Gäste nun einen Korb mieten. Ein florierendes Geschäft. Schon am 14. Juni 1883 kündigte der Hofkorbmachermeister in einer Anzeige im »Allgemeinen Rostocker Anzeiger« an: »Badegästen empfiehlt Strandstühle als Schutz gegen Sonne und Wind und giebt solche auch in Miethe. W. Bartelmann, Hofkorbmacher, Langenstr. 73, vis-à-vis der Breitenstraße«.

Und auch die Konkurrenz trat auf den Plan. Überall schossen die Strandkorbverleihe wie Pilze aus dem Boden, die sich mit Versprechungen überboten, wie folgende Zeitungsanzeige aus Rostock belegt: »Meine beliebten und nach neuster Konstruktion angefertigten Strandkörbe halte ich den verehrten Badegästen zum Verkauf und Vermieten bestens empfohlen. Dieselben sind mit einem im Vorbau angebrachten Klappgestell (D.R.G.M. Nr. 199583) versehen, welches nach Wahl als Tisch oder als Sitz für eine dritte Person benutzt werden kann. Auch sind die Füße gegen Zugluft geschützt. Carl Schliemann, Moltkestr. 8.«

In Doppelsitzern und Ganzliegern an der Ostsee

Sonne, Strand, Meer und Strandkorb – die ideale Symbiose für einen perfekten Urlaubstag war erfunden. Bald schon begann die industrielle Produktion der bequemen Stühle. Franz Schaft, ein Geselle Bartelmanns, baute die erste Strandkorbfabrik Deutschlands in Kröpelin bei Bad Doberan auf. Er war es auch, der 1897 den ersten Prototypen eines »Halbsitzers« entwickelte, ein Modell für zwei Personen, bei dem sich die eine Hälfte der Rückwand um 45 Grad nach hinten klappen ließ, sodass sich die Urlauber bequem zurücklehnen konnten. Später kam auch noch der »Ganzlieger« dazu – das Doppelbett mit Sichtschutz war erfunden! Heute stehen nach Schätzungen allein an den Küsten von Nord- und Ostsee mehr als 90 000 Strandkörbe, wobei es feine Unterschiede gibt. An der Nordsee dominiert der robuste, kantige Typ, an der Ostsee bevorzugt man dagegen eine eher weiche, gerundete Form.

Längst haben die Körbe die Strände verlassen und die Gärten, Terrassen und Balkone im Binnenland erobert, sodass bereits Stimmen laut werden, den Strandkorb in »Gartenkorb« umzubenennen. Ab 500 Euro aufwärts gibt es Körbe aus Kunststoffgeflecht in allen Variationen.

Der Fantasie und dem Erfindungsreichtum sind keine Grenzen gesetzt: Es gibt ihn als Ein-, Zwei- oder Dreisitzer, kleinere Modelle auch als Liegeplatz für die Katze oder den Hund. Selbst Körbe mit Sitzheizung, eingebautem Fernseher oder CD-Player oder mit integriertem Massagegerät für den Rücken werden serienmäßig angeboten. Und wem dies immer noch nicht reicht: Es gibt Sonderanfertigungen mit eigenem Bartresen oder geflochtener Telefonzelle.

Eines allerdings haben die Strandkörbe bis heute nicht geschafft – die Welt zu erobern. An fremden Stränden hat er sich nie durchsetzen können. Obwohl Exemplare schon ans Mittelmeer, nach Porto Alegre in Brasilien oder sogar bis nach Japan geliefert wurden, blieben sie dort vielfach bestaunte Exoten. Überliefert ist die Geschichte eines Geschäftsmanns, der glaubte, in Miami Beach das große Geld machen zu können, indem er einen Strandkorbverleih gründete. 150 Körbe ließ er sich nach Florida liefern – das Geschäft floppte.

Vielleicht ist es anderswo einfach viel zu warm für den Strandkorb, der vor 125 Jahren nur deshalb erfunden wurde, weil eine ältere adlige Dame an rheumatischen Beschwerden litt!

Karin Schneider-Ferber

Streichholz und Feuerzeug

Zündende Ideen

Überall und jederzeit Feuer »in der Tasche« zu haben – das war vor 150 Jahren noch unvorstellbar. Dann aber wurden Zündhölzer zum Massenartikel, und Feuerzeuge eroberten die Welt.

Als der Mensch vor rund 500 000 Jahren begann, die Naturgewalt von Blitzen oder Buschbränden zu »zähmen«, machte er die wohl folgenreichste Erfindung. Die Mythologie schrieb sie anstelle der namenlosen Erfinder Prometheus zu, einem Titanen, der den Göttern das Feuer raubte ... Die frühen Nomaden hüteten die »göttliche Glut« und führten sie auf ihren Zügen mit. Schließlich erfanden unsere Ahnen schweißtreibende Methoden zum Feuermachen: Feuersteine und Feuerbohrer, später dann Feuerstahl und Zunderdose. Wie Schwarzpulver und Feuerwerk war auch das Zündholz eine zündende Erfindung der Chinesen. Bereits im 6. Jahrhundert n. Chr. brannten im Reich der Mitte erste Holzstäbchen mit einem leicht – oft zu leicht – entflammbaren Kopf aus Schwefel.

Vom Streichholz zum Zündholz

Als Vater des sicheren Streichholzes gilt der englische Apotheker John Walker, der 1826 eine Mischung aus Kaliumchlorat, Antimonsulfid und Gummi entwickelte, die sich erst beim Reiben über Schmirgelpapier entzündete. Doch auch an diesem »Reib«- oder »Streichholz« konnte man sich leicht die Finger verbrennen. Problemlos war erst das Sicherheitszündholz, das Rudolf Böttger 1848 zum Patent anmeldete. Er verwendete den kurz zuvor entdeckten ungefährlichen roten Phosphor, und weil er diesen nicht mit dem Schwefel mischte, sondern auf die Reibfläche auftrug, waren seine Zündhölzer in der Tat sicher. Eine schwedische Fabrik erwarb Böttgers Patent und kurbelte die Produktion von »Schwedenhölzern« im großen Stil an. Dazu trug auch die Erfindung von Maschinen zur Herstellung feiner Stäbchen aus Tannen-, Fichten- oder Pappelholz bei. Der spätere Kreugerkonzern beherrschte bis 1932 die Weltzündholzproduktion zu 80 Prozent.

1898 hatte eine andere Erfindung Furore gemacht: der Überallzünder von Emile Cohen und Henri Sévène. Dessen Zündkopf bestand aus Tetraphosphortrisulfit und rotem Phosphor, und er ließ sich praktisch überall anreiben – selbst an der Schuhsohle. In den USA wurde das Patent als *strike anywhere* vermarktet, hierzulande nannte der Volksmund es »Fixfeuer«. Neben Schachteln wurden bald auch Heftchen und, anstelle von Holz, Pappstreifen verwendet.

Von der »Feuermaschine« zum Feuerzeug

Neben dem Streichholz erfanden Grübler und Wissenschaftler auch »Feuermaschinen«. 1770 bauten die Brüder Dumoutier ein pneumatisches Feuerzeug, bei dem ein Kolben, an dem schwefelgesättigter Zunderschwamm befestigt war, so lange in einen luftdichten Zylinder gepresst wurde, bis die heiße Luft den Zunder entflammte. Johannes Fürstenberger erfand 1780 ein elektrisches Feuerzeug. Es entzündete Wasserstoff, der durch Tropfen von Schwefelsäure auf Zink entstand, mittels Funken aus galvanischem Strom. Ähnlich funktionierte William Wollastons galvanisches Feuerzeug aus einem beidseitig offenen Silberfingerhut, der mit einem Zinkplättchen und einem Platindraht verbunden war. Die Zündung besorgte er mit Salpetersäure.

Das robuste und zuverlässige Benzinfeuerzeug war besonders beim Militär beliebt und kam im Zweiten Weltkrieg in den Hosentaschen der amerikanischen GIs nach Europa.

Solche Geräte waren aber umständlich und im wahrsten Wortsinn brandgefährlich. Erfolgreicher war das katalytische oder Platinfeuerzeug, das Johann Döbereiner 1823 erfand: Ein Platindraht wurde durch einströmenden Wasserstoff zum Glühen gebracht und entzündete seinerseits den

Wasserstoff. Weil Döbereiner seine Erfindung nicht patentieren ließ, wurde sie oft kopiert und variiert und blieb über Jahrzehnte Prestigeobjekt in den Salons der besseren Gesellschaft.

Der Durchbruch zu einer weltweiten Feuerzeugindustrie kam 1904, als Auer von Welsbach durch Legieren von Eisen und Cerium einen »künstlichen« Feuerstein erfand, der durch Reiben an einem Rädchen Funken versprühte. 1907 gründete der Erfinder eine Fabrik für »Auer-Zündsteine«, und wer sichergehen wollte, immer Feuer zu haben, besorgte sich Ersatzsteine und ein Fläschchen Benzin mit Pipette zum Nachfüllen.

»Strike anywhere« oder »Fixfeuer«: Der Überallzünder ließ sich praktisch überall anreiben – selbst an der Schuhsohle.

Das berühmteste Benzinfeuerzeug der Welt, das legendäre »Zippo«, wurde im Jahr 1932 in Bradford, Pennsylvania erfunden. Sein Erfinder, George G. Blaisdell, erwarb die Rechte an einem österreichischen Sturmfeuerzeug mit abnehmbarer Kappe und gestaltete es nach seinen eigenen Vorstellungen um. Er machte das Gehäuse rechteckig und befestigte die Klappe mit einem geschweißten Scharnier am unteren Teil. Den Docht umhüllte er mit einem Windschutz. Inspiriert durch eine andere Erfindung der Zeit, den Reißverschluss (engl. *zipper*), nannte er das Feuerzeug »Zippo«. Seither wurden in der Zippo-Fabrik über 300 Millionen Feuerzeuge hergestellt. Mit Ausnahme von Verbesserungen an der Mechanik für den Feuerstein und der Gestaltung des Gehäuses ist Blaisdells ursprüngliches Design bis heute praktisch unverändert geblieben. Das robuste und zuverlässige Benzinfeuerzeug war besonders beim Militär beliebt und kam im Zweiten Weltkrieg in den Hosentaschen der amerikanischen GIs nach Europa.

Nach dem Zweiten Weltkrieg wurden neue Zündsysteme entwickelt. Das piezoelektrische durch Überschlagsfunken aus Kristallen, das elektromagnetische mittels Induktion sowie chemische Zündungen, Batterie- und Solarzellenzündungen. Neben der technischen Vervollkommnung schuf die erfinderische Fantasie unzählige, oft kuriose Formen und Dekore, vom noblen Edelmetallklassiker zum Kunststoff-Einwegfeuerzeug mit Werbeaufdruck ...

Herbert Hartkopf

Teddybär

Ein Freund fürs Leben

Sein Name ist Symbol für Spielzeug und Kindheitserinnerungen: Mit glänzenden Knopfaugen und vorwitziger Nase begleitet der »Teddy« zuverlässig Millionen Kinder ins Erwachsenenalter. Im Jahr 2002 feierte der Kuschelbär seinen 100. Geburtstag.

Er fehlt in keinem Kinderzimmer, und nach einer Zwischenlagerphase auf Speichern kommt der heißgeliebte Teddy bei den inzwischen Großen wieder zu nostalgischen Ehren. Die Geschichte des Knuddelgesellen aus Mohair beginnt mit einer gewissen Margarete Steiff und ihrem Unternehmen in Giengen an der Brenz.

Am 24. Juli 1847 wird Apollonia Margarete Steiff in Giengen geboren. Mit eineinhalb Jahren erkrankt sie an Kinderlähmung und bleibt lebenslang an den Rollstuhl gebunden. 1877 eröffnet sie in Giengen ein Filzkonfektionsgeschäft, in dem sie selbst genähte Bekleidung verkauft. 1879 entdeckt Margarete Steiff in einem Modejournal Schnittmuster und Fertigungsanweisungen für einen Spielzeugelefanten aus Stoff mit Wergfüllung und macht sich ans Nähwerk. 1880 verkauft die im selben Jahr gegründete »Margarete Steiff GmbH« die ersten acht Steiff-Tiere: Filzelefanten, die als Nadelkissen dienen sollen, aber bald von Kindern als Spielzeug »zweckentfremdet« werden.

Der Teddy mit dem Knopf im Ohr gewann die Kinderherzen auf der ganzen Welt.

1897 tritt Margaretes erster Neffe ins Unternehmen ein: Richard Steiff (1877–1938). Der junge Mann verkörpert den Zeitgeist der Jahrhundertwende, ist allem Neuen aufgeschlossen und sprüht vor Kreativität und

Ideen. Während seiner Ausbildung an der Stuttgarter Kunstgewerbeschule fertigt Richard bei häufigen Besuchen im Tierpark etliche Tierskizzen an. Vor allem Braunbären haben es ihm angetan. Intensiv studiert er die Haltungen und Bewegungsabläufe der Tiere, die er in vielen Detailzeichnungen möglichst naturgetreu festhält. Bald schon möchte der junge Mann seine Erkenntnisse bei der Herstellung des Spielzeugs umsetzen, das in der Fabrik seiner Tante entworfen und gefertigt wird. Selbst Tiere, die auf Rädern gezogen werden oder sich mithilfe von Borsten- oder Halbkugelfüßen in Bewegung setzen lassen, sind ihm zu statisch. Richard Steiff hat die Vision eines natürlich beweglichen Spieltieres. Zur Realisierung der Erfinderidee fehlt noch das richtige Material. Es soll natürlich aussehen, zum Kuscheln weich und anschmiegsam sein und trotzdem eine gute Haltbarkeit aufweisen. Die bis zu diesem Zeitpunkt verwendeten Stoffe wie Filz oder Rauplüsch sind kaum geeignet, und auch der ab 1899 eingesetzte Samt erfüllt die Bedingungen nicht. Bis man beim Experimentieren auf Mohair stößt. Zur Erstellung dieses Stoffes webt man das Haar der Angoraziege in die Trägergewebe aus Baumwolle ein. Mohairplüsch, wie dieser Stoff genannt wird, ist durch seine Eigenschaften sowie vielfältige Möglichkeiten der Einfärbung wie geschaffen für die Realisierung der Pläne von Richard Steiff.

Der Steiff-Teddy erblickt das Licht der Welt

1902 war das Geburtsjahr des Steiff-Teddybären – das erste Spieltier mit beweglichen Gliedern. Eines der ersten Modelle mit beweglichen Armen und Beinen war der Bär »55 PB«, der erste Steiff-Teddy! Die Ziffer 55 steht für die Größe in Zentimetern, »P« für Plüsch und »B« für beweglich. Der Neuankömmling hatte zunächst einen zähen Start ins Leben. 1903 präsentierte Richard Steiff sein »Baby« auf der Leipziger Frühjahrsmesse. Das neue Spieltier konnte die Einkäufer jedoch nicht recht überzeugen. Am letzten Messetag kam Hermann Berg, ein Einkäufer des amerikanischen Unternehmens »Geo. Borgfeld & Co.«, am Steiff-Stand vorbei, auf der Suche nach einem außergewöhnlichen Spielzeug. Richard Steiff zeigte seinen Bär »55 PB«. Berg war erst skeptisch, orderte dann aber doch 3000 Stück. Von diesen Steiff-Teddys ist übrigens nie wieder einer aufgetaucht. Am 13. Juli 1903 wurde die amtliche »Geburtsurkunde« des Bären im Warenmusterregister beim Amtsgericht in Heidenheim ausgestellt – immer noch auf den Namen »55 PB«. Die prosaische Artikelnummer passte einfach nicht für ein derart liebenswertes Spielzeug. Um zum Ursprung seines »wahren« Namens »Teddybär« zu kommen, müssen wir uns auf die Reise in die USA begeben.

Wie der Teddybär zu seinem Namen kam

Um die Jahrhundertwende fährt der seit 1898 im Unternehmen tätige Paul Steiff, ein Bruder Richards, nach Amerika. Er soll den Verkauf von Steiff-Tieren jenseits des Atlantiks fördern, das riesige Umsatzpotenzial des amerikanischen Marktes nützen. Wenige Jahre zuvor hat sich Amerika aus der Isolation gelöst, um jetzt mit der »Politik der offenen Tür« den Welthandel entscheidend zu beeinflussen. Träger dieser Politik ist Theodore »Ted« Roosevelt (1858–1919), seit 1901 Präsident der Vereinigten Staaten.

Der Steiff-Teddybär hatte einen zähen Start ins Leben.

Wenngleich der Ablauf der Namensgebung für das niedliche Tier nicht mehr eindeutig zu belegen ist, so war der Naturfreund Roosevelt zweifelsohne der Ausgangspunkt: 1902, im November, weilte der jagdbegeisterte Präsident auf einer Pirsch in den Wäldern am Mississippi. Doch es kam kein Wild vor die Flinte des Staatsmannes, bis schließlich einer der Jagdführer einen jungen Bären fand und dem Präsidenten zum Abschuss vorführte. Roosevelt weigerte sich empört und bestand auf Freilassung des putzigen Petz. Der bekannte Karikaturist Clifford Berryman, Mitglied der Jagdgesellschaft, hielt die Szene mit dem Stift fest. Die »Washington Post« veröffentlichte diese Zeichnung, die dem Staatsoberhaupt viel Sympathie eintrug. Von nun an zeigten die Karikaturen aus Berrymans Feder den kleinen Bär oft als Begleiter des Präsidenten. Der auf Popularität bedachte Roosevelt ließ sich jetzt ab und zu auch mit Stoffbären abbilden – den »Teddybären« von Steiff: »PB 55« und alle seine Nachfolger hatten ihren unverwechselbaren Namen!

1904 auf der Weltausstellung in St. Louis gelang den Bärchen der endgültige Durchbruch, was die Seniorchefin Margarete noch miterleben konnte; sie starb fünf Jahre später. 1907 stellte Steiff knapp eine Million Teddybären her und erwirtschaftete einen Großteil des Umsatzes in den USA. Der Erfolg erforderte ein eindeutiges und schwer zu entfernendes Qualitätsmerkmal, um die Produkte vor Plagiaten zu schützen. So entwickelte Steiff jenen Metallknopf, den seither jeder Teddy im (linken) Ohr trägt. Die Kinderherzen auf der ganzen Welt gewann dann im Jahr 1905 »Bärle«, die überarbeitete Variante des »Urbären«.

Ob Maulkorb oder Badeanzug, der Teddy erträgt alles mit der ihm eigenen Geduld.

Im Lauf seiner Jahrhundertkarriere schlüpfte der Teddy in verschiedenste Rollen und Moden, trug Maulkorb und Badeanzug, Clownskostüm und Hochzeitsgewand. Der geduldige Spielgefährte fungiert inzwischen auch als kostspieliges Sammlerobjekt. Seinen Hauptauftritt wird der plüschige Geselle aber wohl auch die nächsten 100 Jahre im Arm von kleinen und großen Leuten haben – als Seelentröster und treuer Freund für alle Fälle.

Harry D. Schurdel

Teebeutel

Schneller Genuss

Teetrinken kann eine Kunst sein. So nimmt man sich in Japan Zeit und zelebriert ein mehrstündiges Ritual. Es gibt aber auch die Möglichkeit, einen Teebeutel in eine Tasse zu hängen – drei bis fünf Minuten später dampft das Heißgetränk aromatisch.

Für eingefleischte Teetrinker ist die Verwendung eines Teebeutels nach wie vor eine Zumutung. Die Teeblätter, so ihr Credo, könnten ihr volles Aroma nur entfalten, wenn sie frei im Wasser schwimmen. Sie in irgendeiner Art und Weise einzuengen, in ein Tee-Ei oder in einen Teebeutel zu pressen, nehme ihnen Geschmack und Würde. Das Unvorstellbare wagte – wie könnte es anders sein – ein nüchtern denkender Amerikaner: Thomas Sullivan erfand im Jahre 1908 (nach anderen Quellen 1904) den Teebeutel, der diesem »göttlichen Getränk« aus Fernost den Weg in die Bürotassen dieser Welt ebnete.

Zu seiner Ehrenrettung sei gesagt, dass Sullivan den Tee keineswegs demütigen wollte. Er machte seine Erfindung sozusagen »versehentlich« als Resultat seiner praktischen Arbeit als Teehändler. Um sich die schweren und teuren Blechdosen zu sparen, in denen bislang Teemuster versendet wurden, füllte der findige New Yorker seine Warenproben in Seidenbeuteln ab und verschickte sie an seine Kunden. Diese missverstanden die Neuerung und verwendeten die Säckchen gleich zur Teezubereitung, indem sie sie mit heißem Wasser übergossen. So sparte man sich das Abseihen und Umfüllen des Tees in eine zweite Kanne.

Der Teetrinker des 20. Jahrhunderts empfand die zeitraubende Zubereitung offensichtlich als lästig. Die Bestellungen bei Sullivan häuften sich, weniger des Tees als der praktischen Aufgussmethode wegen. Zudem wurde das Getränk immer beliebter. Der europäische Teekonsum war von rund 50 Tonnen im Jahr 1700 auf mindestens 150 000 Tonnen im Jahr 1800 gestiegen. Auch in den englischen Kolonien Amerikas wurde zunehmend Tee geschlürft. Die ersten Teeladungen waren schon von den Holländern ins Land gebracht worden. Was die Kolonisten in Rage brachte, war die vom Mutterland auferlegte Teesteuer. 1773 landeten deshalb 342 Kisten der kostbaren Handelsware im Wasser des Hafens von Boston. Trotzdem gehörte der Tee neben Kaffee auch weiterhin zu den Lieblingsgetränken der »Neuen Welt«.

»Drei Dinge auf dieser Welt sind höchst beklagenswert: das Verderben bester Jugend durch falsche Erziehung; das Schänden von Bildern durch gemeinsames Begaffen und die Verschwendung besten Tees durch unsachgemäße Behandlung.«

Chinesisches Sprichwort

Sullivan wären glänzende Geschäfte beschieden gewesen, wenn nicht der Teebeutel von Anfang an in Verruf geraten wäre. Denn Nachahmer mischten in die Beutel verschiedenste Zusatzstoffe, von denen billige Kräuter noch die harmlosesten waren. So hielt sich hartnäckig das Gerücht, in den Teebeuteln befinde sich Tee minderer Qualität, feinkrümeliger Abfall, der nicht als großblättriger, loser Tee verkauft werden könne. Um dieses Vorurteil aus der Welt zu schaffen, versiegelte der Brite John Horniman seine Papierteebeutel und garantierte mit seinem Namen für die Qualität des Produkts. Er beging allerdings den Fehler, die Teebeutel mit Leim zuzukleben, der nach dem Kontakt mit heißem Wasser einen eher unappetitlichen Geschmack in der Teekanne entwickelte ...

Vom Stoffbeutel zum Hightechprodukt

Der Teebeutel präsentiert sich deshalb heute als ein ausgeklügeltes Hightechprodukt, das erst nach jahrzehntelanger Tüftelarbeit in Serienproduktion gehen konnte. Der entscheidende Durchbruch gelang dem deutschen Ingenieur und Mitarbeiter der Dresdner Firma »Teekanne«, Adolf Rambold, 1949. Er erfand eine spezielle Teeverpackungsmaschine und den bis heute üblichen Doppelkammerbeutel mit Heftklammerverschluss. Rambold kam auf die geniale Idee, einen rechteckigen Papierstreifen von etwa 15 cm Länge zu einem Schlauch zu falten, der von beiden Seiten mit Tee befüllt werden konnte und so geknickt wurde, dass in der Mitte ein Streifen frei blieb. Dadurch entstanden zwei Kammern, was den Vorteil hatte, dass die Teeblätter von allen Seiten mit Wasser umspült wurden. Den befüllten Beutel verschloss oben eine Heftklammer, was endlich den lästigen Klebstoffgeschmack aus dem Tee verbannte. Eine besondere Herausforderung war es, die richtige Sorte Papier zu finden. Dieses musste absolut geschmacksneutral sein, aber auch reißfest und hitzebeständig. Die bislang benutzten Baumwollsäckchen, scherzhaft Pompadour oder Teebomben genannt, hatten stets einen gewissen Eigengeschmack entwickelt.

Der neue Teebeutel bestand zu 30 Prozent aus Zellulose und etwa 70 Prozent aus Manilafaser. Diese wird aus den Blättern einer Bananenart gewonnen und ist wesentlich reißfester als Baumwolle oder Sisal, kann aber nicht versponnen werden. Daher durchliefen die Naturfasern erst einen mehrstufigen Verarbeitungsprozess. Sie mussten in Wasser aufgeweicht, übereinandergelegt und schließlich trocken gepresst werden. Mit Rambolds Maschine konnte schließlich in die Massenproduktion eingestiegen werden.

Bereits 1950 begann »Teekanne« die Marke »Teefix« mit dem Doppelkammerbeutel auf den Markt zu bringen. Moderne Verpackungsmaschinen befüllen heute 400 Teebeutel in der Minute. Allein bei der Firma »Teekanne«, die 1954 ihren Sitz nach Düsseldorf verlegte, werden pro Tag über zehn Millionen Teebeutel hergestellt. Endlich konnte der Tee die Tassen in aller Welt füllen. Einfach und schnell zuzubereiten, geschmacklich von hoher Qualität und lang zu lagern, bereichert der Tee Haushalte und Teeküchen. Inzwischen gibt es viele verschiedene Arten von Teebeuteln, etwa runde oder pyramidenförmige.

Ein Nachteil bleibt: Der Teebeuteltee ist etwas teurer als lose gekaufter. Nur etwa ein bis zwei Gramm Tee befinden sich in einem herkömmlichen Beutel, der zusätzlich noch durch eine Folie oder einen Papierumschlag geschützt wird. Die Verpackung verteuert natürlich das Produkt – Bequemlichkeit hat eben ihren Preis.

Karin Schneider-Ferber

Telefon

An der Strippe

An einem Herbsttag im Jahr 1861 versammelten sich im hessischen Friedrichsdorf eine Handvoll Leute, um einem speziellen »Lausch«-Experiment beizuwohnen. Eingeladen hatte der örtliche Physiklehrer ...

Sein Name war Johann Philipp Reis, und er gedachte, ein von ihm ausgetüfteltes Instrument vorzuführen, »mit welchem man Töne aller Art durch den galvanischen Strom in beliebiger Entfernung reproduzieren kann« – von ihm selbst »Telephon« genannt. Zwei Mitarbeiter sprachen an einem Ende in die konstruierte Vorrichtung. Ein aus Eichenholz geschnitztes »Ohr« auf einer Holzkiste war der »Geber«. Das Publikum hörte rund 50 Meter entfernt am anderen Ende das »Ergebnis«. Eine elektrische Spule, in der eine Stricknadel steckte, diente als Empfänger. Damit keiner der Anwesenden den Verdacht hegen konnte, dass die gesprochenen Wörter abgemacht worden wären, wurden reine Fantasiesätze formuliert. Und so lautete der erste, in Deutschland an einem telefonischen Apparat gesprochene Satz: »Das Pferd frisst keinen Gurkensalat«.

Auf diese Demonstration folgte im Oktober 1861 eine Vorführung vor der Physikalischen Gesellschaft in Frankfurt. Über eine 90-Meter-Leitung ließ Reis diesmal Lieder übertragen. Die Zuhörer behaupteten, die Melodien erkannt zu haben, wobei die Töne doch wohl eher stoßweise ankamen. Trotz aller Anerkennung für den »sprechenden Telegraphen« geriet das neuartige Gerät bald wieder in Vergessenheit. Reis (1834–1874) erlebte nicht mehr, wie 1877 in Berlin Europas erste offizielle Telefonleitung gelegt wurde.

Der Wegbereiter des Fernsprechers war der elektrische Telegraf, der Fernschreiber. Durch dessen ständige Weiterentwicklung lag die Erfindung des Telefons dann förmlich in der Luft, oder besser: im Ohr.

Das erste Telefonpatent bekam der amerikanische Sprachprofessor Alexander Graham Bell erteilt, der durch Arbeiten am Mehrfachtelegrafen die zündende Idee für die elektrische Übertragung von Sprache hatte. Anders als Reis war Bell die Tragweite seiner Erfindung bewusst und er zögerte nicht, sie sofort patentieren zu lassen. Dabei war nicht nur der Tag, sondern sogar die Uhrzeit entscheidend. Denn auch Bells Erzrivale, der Telegrafentechniker Elisha Gray, hatte einen »Sprachtelegraphen« konstruiert und reichte just am gleichen Tag, am 14. Februar 1876, die Unterlagen beim Patentamt ein – allerdings zwei Stunden zu spät! Im Juni 1876 wurde Bells Telefon, das Sprache deutlich und zusammenhängend übertrug, in Philadelphia im Rahmen der 100-Jahr-Feiern der USA vorgeführt – und zunächst kaum beachtet. Als sich dann aber der Kaiser von Brasilien dafür interessierte, scharten sich alle um die Apparatur. Durchlaucht eröffnete das Probetelefonat mit den Worten: »Mein Gott – es spricht!«

»Mein Gott – es spricht!«

Der Kaiser von Brasilien nach einem Probetelefonat

In Deutschland war es Werner Siemens, der 1877 ein Patent für das Telefon anmeldete, das nach Order des Generalpostmeisters Heinrich von Stephan »Fernsprecher« genannt wird. Die ersten Siemens-Telefone, fast ein Kilogramm schwer, hatten keine »Weckeinrichtung«, z. B. eine Klingel. Dafür gab es eine separate Leitung, die darauf aufmerksam machte, dass am anderen Ende der »Strippe« ein Gesprächspartner harrte. Die Siemens-Hörer besaßen oft auch eine aufsteckbare Rufpfeife, die mittels kräftigen Hineinblasens an der Gegenstelle auch noch aus einiger Entfernung zu hören war. Eingesetzt wurde der Fernsprecher zunächst im innerbetrieblichen Nachrichtenverkehr von Behörden und Fabriken und natürlich in den Postämtern. Aber auch für großbürgerliche Haushalte wurde er angepriesen: »Er eignet sich besonders als Verständigungsmittel zwischen Speisezimmer und Küche, Herrschafts- und Dienerzimmer.«

Von der »Sprechstelle« zum »Telekiosk«

Vier Jahre nach der Premiere des »Fernsprechers«, Anfang 1881, kann in Berlin auch nach außerhalb telefoniert werden, und Ende des Jahres verfügen Köln, Hamburg, Frankfurt am Main, Mannheim, Breslau und Mühlhausen im Elsass ebenfalls über ein Ortsnetz. Anfangs können sich nur die Wohlhabenden ein privates Telefon leisten, doch werden 1881 in Berlin erste öffentliche »Sprechstellen« aufgestellt. Ein Fernsprechschein zu 50 Pfennig ermöglicht ein fünfminütiges Telefonat. Wie sehr das Telefon die Gesellschaft beeindruckt, zeigt sich u. a. an den vielen zeitgenössischen Postkartenmotiven mit telefonierenden Menschen. Auch der Schlager lobt das neue Medium in höchsten Tönen, wie dieses Wiener Volkssängerlied 1879: »Das Telephon ist wirklich brav, viel besser als der Telegraph ...«

Für die gewünschte Verbindung sorgte das »Fräulein vom Amt«. Man musste erst eine Kurbel drehen, bis man im Hörer – einem vom Sprecher getrennten Geräteteil – die Stimme von der Vermittlungszentrale vernahm. Spätestens seit den 1920er-Jahren konnte man die Verbindung per Wahlscheibe selbst herstellen, ohne eine mitlauschende Telefonistin befürchten zu müssen. Neue Perspektiven eröffneten sich dann um 1900 mit der Vereinigung der bislang getrennten Teile Hörer und Mikrofon im sogenannten »Handapparat«, später als Telefonhörer bezeichnet. Leichtere Tischapparate verdrängten die klobigen Wandmodelle. Trotz zügiger Ausweitung des Telefonnetzes in der Folgezeit hängten sich privat nur wenige an die »Strippe«. Erst zwischen 1960 und 1980 erwärmten sich die Bundesbürger langsam für die Fernkommunikation. Ende 1962 hatten nur rund 14 Prozent der Haushalte ein Telefon, 1983 waren es 83 Prozent und Ende der 1980er-Jahre schließlich 97 Prozent. Nach rund 100 Jahren gehörte das Telefon wie »schon immer dagewesen« zum Alltag.

Trotz zügiger Ausweitung des Telefonnetzes hängten sich bis zur Mitte des 20. Jahrhunderts privat nur wenige an die »Strippe«.

Nicht nur die Telefonapparate ändern sich – so wird z. B. die Wahlscheibe ab 1976 durch Tasten ersetzt –, auch neue Geräte kommen hinzu. Der Anrufbeantworter z. B., mit dem das Telefon »nie allein« ist, wie die Werbung 1963 verspricht. Allerdings dauerte es, bis der Anrufbeantworter akzeptiert und tatsächlich auch besprochen wurde. Gab der »AB« die Sicherheit, keinen Anruf zu verpassen, befreite das Mobiltelefon fast von jeder Ortsgebundenheit. Das »Handy« hatte seinen Durchbruch in den späten 1990er-Jahren, wobei schon seit Anfang des 20. Jahrhunderts am Mobilfunk gearbeitet worden war. Binnen kürzester Zeit vollzog der Kommunikationszwerg die jahrzehntelange Entwicklung des Telefons nach, vom misstrauisch beäugten Luxusgut zum omnipräsenten Alltagsgegenstand.

»Das Telephon ist wirklich brav,
viel besser als der Telegraph ...«

Wiener Volkslied, 1879

Während Telefonieren durch das Handy nahezu öffentlich wurde, schien die öffentliche Telefonzelle – in der Privatsphäre gewahrt werden kann –, überholt. Doch im Sommer 2000 hat die Telekom einen neuen Typ von öffentlichen Fernsprechern installiert: den »Telekiosk«. Mit Kreditkarte anstelle von Münzen oder Telefonkarte kann man hier Faxe und E-Mails versenden, aber auch – ganz klassisch – telefonieren ...

Darijana Hahn

Telefonbuch

Buch der Narren

Am 14. Juli 1881 erschien in Berlin das erste amtliche Telefonbuch Deutschlands. Das »Verzeichniss der bei der Fernsprecheinrichtung Betheiligten« verzückte allerdings nur wenige, und die »Berliner Schnauze« sprach frech vom »Buch der Narren«.

Jedem Berliner Bürger ein Telefon!! Diese Vision des Generalpostmeisters Heinrich von Stephan erschien 1877 als ferne Utopie. Warum sollte man telefonieren, wenn es fast niemanden gab, den man anrufen konnte? Im ersten Telefonbuch von 1881 waren genau 187 »Narren« verzeichnet – unter ihnen der Geheime Kommerzienrat von Bleichröder, der Bankier Goldstein, der Teehändler Löwensein und der Fabrikbesitzer Edmund Schramm.

Eine dem Telefonbuch beigefügte Gebrauchsanleitung erklärte den Umgang mit dem Fernsprecher: »Die Benutzung der Fernsprechvermittlung steht den Theilnehmern in den Tagesstunden von 8 Uhr morgens bis 11 Uhr abends frei. Jeder Theilnehmer erhält eine Theilnehmerliste, deren Reihenfolge nach dem Eingang der Anmeldungen geordnet ist. Zu einer guten Verständigung ist kein sehr lautes, wohl aber ein deutliches und nicht zu langsames Sprechen erforderlich.«

1878 hatte es in New Haven (Connecticut) eine Telefonliste mit 50 Einträgen gegeben, 1880 ein Verzeichnis der »Zürcher Telephon-Gesellschaft« mit knapp 100 Einträgen. Im April 1881 soll es in Hamburg einen Plakatanschlag mit örtlichen Telefonnummern gegeben haben. Doch erst das Berliner Telefonbuch war hochamtlich. Daher wurde 2006 sein 125-jähriges Jubiläum groß gefeiert.

Wer um 1900 im Telefonbuch stand, war reich

Bis zum Jahr 1890 waren allein in Berlin bereits 10 000 Anschlüsse verzeichnet. Die jährlichen Kosten für einen Anschluss lagen bei 200 Mark – etwa ein Drittel des Jahreslohns eines Arbeiters. Daher galt das Telefon im Kaiserreich als mondänes Prestigeobjekt, und nur zu gerne ließen sich privilegierte Privatleute in das Fernsprechverzeichnis eintragen. Als 1897 auch Werbeanzeigen erscheinen durften, war die wirtschaftliche Grundlage für den dauerhaften Erfolg des Telefonbuchs geschaffen. Viele kleine und mittelständische Unternehmen nutzten es nun als Werbeträger.

1901 fand in Berlin die »II. Orthographische Konferenz« statt. Die dabei verabschiedete Rechtschreibreform fand ab 1903 auch im Fernsprechbuch ihren Niederschlag. Ab sofort hieß es »Fernsprechteilnehmer« statt »Fernsprechtheilnehmer«, »Offizier« statt »Officier«.

Die Telefonbücher wurden nun immer dicker: 1914 gab es allein in Berlin bereits 122 000 Hauptanschlüsse. Papiermangel und steigende Rohstoffpreise infolge des Ersten Weltkrieges führten 1917 dazu, dass das Telefonbuch nicht erschien. Auch die Zahl der Fernsprechteilnehmer war auf 53 450 gesunken.

Separate Branchen-Fernsprechbücher gibt es seit den 1920er-Jahren. 1925 erschien das »Amtliche Branchen-Fernsprech-Buch für den Oberpostdirektionsbezirk Hamburg«. Die 4000 Einträge reichten von Ankerreparaturen bis zur Zwiebackfabrik. Eine »Likörprobierstube« fand man hier genauso wie den »Fruchtauktionator« und die »Pelzwaren-Aufbewahrung«. Auch Spezialläden für »Amerikanische Waren« oder »Pariser Artikel« waren verzeichnet.

Doch zurück zum eigentlichen Telefonbuch. Von Anfang an war es ein Spiegelbild seiner Zeit. Düstere Vorzeichen bahnten sich im Jahr 1935 an: In den amtlichen Fernsprechbüchern wurden sogenannte »entbehrliche Fremdwörter« durch deutsche Ausdrücke ersetzt.

Judendiskriminierung im deutschen Telefonbuch

Seit dem 1. Januar 1939 mussten männliche Juden den Zwangsvornamen Israel und weibliche den Namen Sara führen. Für die Jüdin Erna Cahnmann eine neue Demütigung: »Doch immer wieder gab es Dinge, die mehr verletzten als der Verlust von Habe. Ein wirklicher Einschnitt war für mich der Name Sara, den man annehmen musste. Die Frauen Sara, die Männer Israel. Die Namen tauchten sogar im Telefonbuch auf. Man brauchte also nur im Telefonbuch nachzusehen, um zu wissen, wer Jude ist.« 1941 fanden sich im Berliner Telefonbuch rund 500 Namen jüdischer Anschlussinhaber. In der Ausgabe von 1940 waren es noch 8000 gewesen. Im Telefonbuchnachtrag von 1943 suchte man dann vergeblich nach jüdischen Namen.

> *»Alle Bücher sind zu dick. Nur dieses nicht!«*
>
> **Marcel Reich-Ranicki über das Telefonbuch**

Das erste Berliner Fernsprechbuch nach dem Zweiten Weltkrieg erschien im Juli 1945 – mit gerade einmal 750 Einträgen. 1948 erhielt man gegen die Abgabe von acht Kilogramm Altpapier einen Berechtigungsschein für das Fernsprech- und Branchenbuch. 1950 stellte die Post des Magistrats von Ostberlin keine Teilnehmerunterlagen zur Verfügung. Um ein möglichst vollständiges Gesamtberliner Telefonbuch drucken zu können, ließ man sich etwas einfallen: Sämtliche Fernsprechteilnehmer im sowjetischen Sektor wurden angerufen und nach ihren Daten gefragt.

Telefonbücher erschienen auch in der DDR, allerdings unregelmäßig. Im Westen stiegen derweil die Auflagen kontinuierlich. 1962 betrug die Auflage im Berliner Westteil 249 500, 1972 waren es bereits 715 000 Exemplare. Der Einstieg in die papierlose Ära begann 1985: Im Rahmen des Bildschirmtext-Projektes (Btx) wurde das erste Elektronische Telefonbuch (ETB) herausgegeben.

1989 erschienen zum letzten Mal die 14 Bezirksausgaben der DDR sowie das »Fernsprechbuch der Hauptstadt der Deutschen Demokratischen Republik«. Im Jahr 1992 kam die Wiedervereinigung dann auch im Berliner Fernsprechbuch an: Für die beiden Stadthälften gab es keine getrennten Telefonbücher mehr.

Seit 1997 ist das Telefonbuch unter www.telefonbuch.de auch im Internet präsent. Parallel dazu werden jährlich 32 Millionen Exemplare gedruckt – die 187 »Narren« haben sich als Pioniere entpuppt.

Dr. Kurt Astel

Tesafilm

Leichter (k)leben

Es gibt unzählige Situationen, in denen man ihn braucht. Beispielsweise beim Geschenkeinpacken: Geschenk ins Papier einwickeln und dann noch da und dort fix ein Streifchen Tesafilm – fertig. Wie der Werbespruch schon sagt: »Mit tesa (k)lebt sich's leichter!«

Ob es sich bei dem Klebestoffband, das man fast täglich benutzt, immer um »tesa« handelt, sei dahingestellt. Fest steht, dass es sich bei »tesa« um eine eingetragene Marke handelt, die längst – wie »Uhu« oder »Tempo« – zum Inbegriff des eigentlich bezeichneten Produktes avanciert ist. Während Tesafilm heute aus keinem Haushalt, Büro oder Geschäft mehr wegzudenken ist, war das »technische Klebeband« in seinen Anfangszeiten eher ein Ladenhüter. Hinzu kommt, dass es nur durch Zufall entwickelt wurde: Der Hamburger Apotheker Dr. Oskar Troplowitz arbeitete 1890 in dem Labor seines Vorgängers Beiersdorf an einem hautverträglichen Wundpflaster. Das Ergebnis wollte seinem Ziel aber gar nicht recht entsprechen. Denn es klebte so gut, dass es gar nicht mehr abzubekommen war, und so konnte von Haut- und Wundverträglichkeit keine Rede sein. Wenn es aber nicht zur Wundheilung geeignet war, so überlegte sich der findige Apotheker, dann vielleicht ja als Klebeband. Versehen mit dem Namen »Citoplast« sollte der Kautschuk-Klebestreifen bald vor allem zum Flicken beschädigter Fahrradschläuche eingesetzt werden.

»Mit tesa (k)lebt sich's leichter!«

Tesa-Werbeslogan

Das Problem bestand jedoch in der Vertriebsstruktur. Wer tatsächlich von diesem »Citoplast« – später »Lassoband« genannt – etwas haben wollte, musste es bei der Firma Beiersdorf zunächst einmal in Bestellung geben. Über den Preis wurde erst danach verhandelt. Diese Verkaufsweise war dem Bürokaufmann Hugo Kirchberg ein Dorn im Auge. Seit 1934 bei Beiersdorf angestellt, hatte er sich zum Ziel gesetzt, dem bis dahin nicht gerade stark nachgefragten Kautschuk-Klebestreifen zum Durchbruch zu verhelfen. Zunächst entwarf er ein völlig neues Vertriebs- und Preismodell für das Klebeband: Das Band wurde nicht erst nach Kundenwünschen in die entsprechende Länge geschnitten, sondern lag nun schon in verschiedenen Rollengrößen mit festgelegtem Preis bereit – und es war auch in entsprechenden Geschäften vorrätig.

Vom »Lassoband« zum Tesafilm

Und Kirchberg setzte sich auch vehement für einen neuen Namen ein: »tesa« – eine Buchstabenkombination, die aus den ersten Buchstaben des Nach- und aus den letzten des Vornamens der Beiersdorf-Kontoristin Elsa Tesmer gebildet wurde. Die Geschäftsleitung war gegen den Namen, da bereits zwei Produkte ihn getragen hatten und nicht gerade erfolgreich gewesen waren: 1896 war eine Patenttube der Beiersdorf-Zahnpasta »tesa« getauft worden, und 1926 gab es für den gleichen Namen eine neuartige Wurstpelle zu kaufen. Nachdem sich Kirchberg schließlich durchsetzen konnte und »tesa« als Namen für den nunmehr durchsichtigen Klebefilm eine dritte Chance gab, begann die Erfolgsgeschichte einer der stärksten deutschen Marken. Auf Kirchberg geht auch das Gerät zurück, das so untrennbar zum Tesafilm gehört wie die Maus zum Computer: der Tischabroller. Beides wurde in den 1930er-Jahren als Einheit angeboten mit den Worten: »Mit tesa (k)lebt sich's leichter!« – ein Gefühl, das auch die aktuelle Werbung für »tesa«-Produkte erwecken möchte. Sechs Szenen zeigen Menschen »mitten aus dem Leben genau in jenem Moment, in dem sie voller Zufriedenheit Widrigkeiten meistern oder etwas Neues gestalten – mit oder besser dank tesa«. Der aktuelle Slogan lautet: »tesa – keine halben Sachen!« »Tesa« wurde schnell mehr als nur der durchsichtige Klebefilm, dessen Ingredienzien sich stetig verändert, um nicht zu sagen verbessert haben: vom schnell gelb werdenden Gemisch aus Zellglas und Naturkautschukkleber über PVC-Folie zum heutigen »glasklaren« Polypropylen. Bereits Kirchberg brachte neben dem Tesafilm auch »tesaband«, »tesakrepp«, »tesafix« und »tesamoll« auf den Markt. Heute umfasst die Palette, die unter dem Dach »tesa« firmiert, eine Auswahl von 6500 verschiedenen Produkten. Die Einsatzmöglichkeiten sind vielfältig: Sei es im Büro, wo der Tesafilmabroller unabdingbar zur Grundausstattung gehört, sei es im »Do-it-yourself«-Bereich oder aber auch in der Industrie.

Der Tesafilm als digitales Speichermedium

Vor einigen Jahren bekam der klassische Tesafilm per Zufall eine ganz neuartige Funktion: Die beiden Mannheimer Physiker Steffen Noehte und Matthias Gerspach entdeckten 1998 – auf der Suche nach einer Kunststofffolie als Speichermedium – mehr oder weniger aus Übermut, dass sich Tesafilm dafür hervorragend eignet. Was ihnen bis dahin mit allerlei anderen Materialien nicht gelungen war, das machte eine handelsübliche Tesafilmrolle möglich: Der Film konnte mit Laser beschrieben und die digitalen Informationen konnten wieder gelesen werden. Die Devise der beiden Forscher »Mal schauen, was wird« hatte sich ausgezahlt.

Das umfunktionierte Klebeband kann zwei neue Funktionen übernehmen. Als »tesa ROM« kann es ungleich mehr Daten speichern, als auf eine CD passen – eine 10-Meter-Rolle nimmt zehn Gigabyte auf. Und als »Holospot« dient der Klebestreifen zur Produktsicherung im Kampf gegen Markenpiraterie.

Auf Hugo Kirchberg geht das Gerät zurück, das so untrennbar zum Tesafilm gehört wie die Maus zum Computer: der Tischabroller.

Der Zufall hat in der Entwicklungs- und Erfolgsgeschichte des Tesafilms also immer wieder kräftig mitgewirkt. Ganz nebenbei: Das Heftpflaster wurde übrigens dank der Erfindung des Leukoplasts doch noch ein Erfolg: Als »Hansaplast« zählte es neben der Kosmetikpalette »Nivea« und »tesa« zu den drei Sparten der Weltfirma Beiersdorf. Die Wiege aller dieser weltbekannten Produkte stand im Labor des Hamburger Apothekers Paul C. Beiersdorf.

Darijana Hahn

Thermoskanne

Immer heiß, immer kalt

Die Thermoskanne ist eine tolle Erfindung, sie hält im Winter heiße Getränke warm und im Sommer Kaltes kühl. Aber woher weiß sie, ob Winter oder Sommer ist?

Sie weiß es selbstverständlich nicht – und es ist ihr auch egal. Denn die Thermoskanne ist ein kleines Isolierwunder. Als Faustregel gilt: Wenn ein Getränk mit einer Temperatur von 95 °C eingefüllt wird, muss es nach zwölf Stunden noch mindestens 65 °C heiß sein – ob in der Wüste oder am Nordpol.

»Noch nach 24 Stunden waren die Getränke so gebrauchsfertig, als wären sie eben erst hergerichtet worden.«

Reinhold Burger, Erfinder der Thermoskanne

Gut 100 Jahre ist es her, seit der Glasbläser Reinhold Burger aus Berlin-Pankow die Thermoskanne erfand – eher zufällig, wie so oft bei Erfindungen, die heute kaum mehr wegzudenken sind. Eigentlich arbeitete Burger, der 1894 im Alter von 28 Jahren eine Firma für Glasinstrumentenbau gegründet hatte, an Spezialgeräten für die Industrie. Zum Beispiel baute er »Dewar-Gefäße«, benannt nach dem britischen Physiker Sir James Dewar. Sie funktionieren nach einem einfachen Prinzip: Man verschmilzt einen doppelwandigen Glaskolben, entfernt die Luft zwischen den beiden Wänden und schafft so ein Vakuum. Dieses, so fand man schon Mitte des 17. Jahrhunderts heraus, hat isolierende Eigenschaften. Im Inneren des Behälters kann man Stoffe bei nahezu konstanter Temperatur aufbewahren. Um die Jahrhundertwende war diese Technik besonders wichtig, um Impfstoffe oder Seren frisch halten zu können.

Eine zerbrechliche Konstruktion mit Pfiff

Wie seine Kollegen stand auch Burger vor dem Problem, das Vakuum konstant zu halten und die Kontaktpunkte zwischen den beiden Glaswänden abzudichten – Letzteres wurde erst durch die Erfindung des Gummis möglich. Anfangs behalf sich Burger mit einem feinen Gerüst aus Draht und Asbest, um die beiden Kolben auf Distanz zu halten und der zerbrechlichen Konstruktion Stabilität zu verleihen. Den inneren Kolben verspiegelte er mit einer dünnen Silberschicht, die zusätzlich isolierte – eine Methode, auf die auch schon James Dewar zurückgegriffen hatte.

Die Thermoskanne ist in jedem Picknickkorb und Wanderrucksack zu finden, sie hat die Küchen, Büros und sogar die feinen Restaurants der Welt erobert.

So waren alle Schritte bereits getan, als Burger den entscheidenden Einfall hatte: Um zu prüfen, ob seine Isoliergefäße tatsächlich die Temperatur konstant halten konnten, nutzte er zunächst heißes Wasser. »Dabei kam mir der Gedanke«, erzählte Burger rückblickend über die Geburtsstunde der Thermoskanne, »dass man stattdessen auch Getränke verwenden könnte. Ich nahm eine Reihe von mir hergestellter kleiner kugelförmiger Gefäße und füllte sie mit heißem Kaffee, Tee, Milch und dergleichen. Noch nach 24 Stunden waren die Getränke so gebrauchsfertig, als wären sie eben erst hergerichtet worden.« Am 1. Oktober 1903 meldete Burger sein Patent für das »Gefäß mit doppelten, einen luftleeren Hohlraum einschließenden Wandungen« an, das er sich auch in England, Frankreich und den USA schützen ließ.

Goldmedaillen für die clevere Kanne

Der Prototyp der Thermoskanne sah noch reichlich verwegen aus, wie eine Mischung aus einer alten Gießkanne und einer Dose. Doch nicht ihr Äußeres war entscheidend, sondern das praktische Innenleben. Nach längeren Versuchen gab Burger seiner Erfindung die noch heute gebräuchliche Flaschen- oder Kannenform und entwickelte eine Metallhülle für das zerbrechliche Glasgefäß. Auf den Weltausstellungen 1904 in St. Louis und 1906 in Mailand erhielt er für seine Thermoskanne je eine Goldmedaille.

Tatsächlich hat sich seit der Erfindung der Thermoskanne ihr Grundprinzip nicht wesentlich verändert. Umso mehr aber ihr Äußeres. Mal kommt sie elegant und verspielt aus poliertem Edelmetall und in attraktiven Formen daher, mal schlicht und schlank aus buntem Plastik. Und der Deckel kann gleich als Tasse verwendet werden. Niemand will auf die praktische Kanne verzichten, erst recht nicht, wenn weder Kaffeeautomat noch Kühlschrank in der Nähe sind. Kein Wunder also, dass die Thermoskanne in jedem Picknickkorb und Wanderrucksack zu finden ist, dass sie die Küchen, Büros und sogar die feinen Restaurants der Welt erobert hat.

Mal kommt sie elegant und verspielt aus poliertem Edelmetall und in attraktiven Formen daher, mal schlicht und schlank aus buntem Plastik.

Dem Erfinder allerdings brachte die Kanne wenig Glück. Burger war zwar ein begnadeter Tüftler und Glasbläser, aber ein schlechter Kaufmann. Seine Erfindung verkaufte sich mehr schlecht als recht, der hohe Werbeaufwand überforderte den Etat des Geschäftsmanns. Trotz der Auszeichnungen bei den Weltausstellungen schaffte Burger es nicht, seine geniale Erfindung zu vermarkten. 1909 verkaufte er seine deutschen Rechte an die Thermos AG und die amerikanischen an die Thermos Bottle Company. Dort gelang die industrielle Herstellung der Thermoskanne, die amerikanische Firma machte ein Millionengeschäft, und der internationale Siegeszug der ursprünglich deutschen Erfindung begann.

Eine kleine Randnotiz der Geschichte: Weil sich das Markenzeichen »Thermos« inzwischen im Besitz eines japanischen Unternehmens befindet, müssen deutsche Hersteller mit dem Begriff »Isolierflasche« werben.

Karin Schneider-Ferber

Trabant

Die »Rennplaste« aus Zwickau

»Ein himmelblauer Trabant/rollte durchs Land/mitten im Regen«, so ehrte die DDR-Schlagersängerin Sonja Schmidt den »Trabi« mit einem eigenen Lied. Der ostdeutsche »Volks«-Wagen mit seiner Kunststoffkarosserie war für viele Familien der Einstieg in die automobile Welt.

Andy Hoppe hatte 1993 einen äußerst skurrilen Traum – noch dazu für einen »Wessi«! Danach stand der Stuttgarter jeden Morgen um drei Uhr auf und trug Zeitungen aus, um das Geld zusammenzubekommen. »Fast hätte es mich das Abi gekostet«, erinnert sich Hoppe. Doch dann war es so weit: Für 800 Mark kaufte er sich einen Trabant 601 S. Noch heute berichtet der Grafikdesigner stolz von seiner Anschaffung.

Ein Trabi sei »schön, praktisch, bequem, charmant, treu und vor allem süchtig machend«, schwärmt auch der Freyburger Martin Schumann auf seiner dem Kunststoffauto aus der DDR gewidmeten Internetseite. 2004 habe es ihn erwischt, da war er 23 und hatte schon fünf »Blechautos« verschlissen, berichtet der Sachse und nennt seinen Wagen liebevoll »Baby«. Der kleine Zweitakter aus Zwickau hat im Jahr 2007 an seinem 50. Geburtstag Freunde in ganz Deutschland. Im Straßenbild ist er dennoch selten geworden – auch im Osten.

Der Duroplast-Pressstoff aus Baumwollfasern und Phenolharz konnte mit Blech mithalten: Selbst nach mehrmaligem Überschlagen ließen sich noch beide Türen öffnen.

Dabei zeigt der »Plastebomber« oder die »Rennpappe«, wie der Trabant auch genannt wurde, was die Ostberliner Planwirtschaft zu leisten vermochte – und wo sie versagte. Die ersten Trabis waren noch echte Hingucker. Im November 1973 lief bereits der millionste Trabant aus der Halle. Neun Jahre später: Nummer 2 000 000. Beinahe 3,1 Millionen Trabis hatten die VEB Sachsenring Automobilwerke Zwickau gebaut, als am 30. April 1991 die Bänder stillstanden.

Jahrelanges Warten auf den »Plastebomber«

Trotzdem blieb der »Begleiter« immer Mangelware. Schon in den 1960er-Jahren musste der Durchschnittsbürger zwei Jahre auf seinen Wagen warten. Mit guten Kontakten konnte es schneller gehen. Wer zur Volljährigkeit einen Wagen bestellte, bekam ihn mit 30. Ein Beamter stellte den lang ersehnten fahrbaren Untersatz dann vor die Haustür – mit etwas Glück sogar in der Wunschfarbe. Gebrauchtwagen waren teurer als neue, weil sie sofort zu haben waren. Selbst Schrottautos waren begehrt, Kleinanzeigen flehten: »Fahrzeug mit Totalschaden und Papieren dringend gesucht«.

Die Autopolitik der DDR schwankte zwischen Marx und Motor.

Einerseits zielte auch der SED-Staat auf Wohlstand für seine Bürger. Der Aufstand vom 17. Juni 1953 hatte das Regime dazu bewogen, dem kleinen Mann den Traum von der Fahrt ins Grüne (innerhalb der Staatsgrenzen) mit dem eigenen Wagen zu erfüllen. Und so rollte am 7. November 1957 der erste Serien-Trabant aus der Fabrikhalle in Zwickau. Andererseits war der Besitz von Autos und Motorrädern Luxus. Und man wollte nicht den kapitalistischen Lebensstil kopieren. So schwankte die Autopolitik des Landes zwischen Marx und Motor.

Und die Industrie hechelte hilflos der Nachfrage hinterher. Auch an Werkstätten und Ersatzteilen mangelte es. Nachbarn tauschten Keilriemen und Zylinderkopfdichtungen. Wer schnell wieder fahren wollte, reparierte seinen Stolz auf vier Rädern selbst. Nicht nur das Angebot wuchs zu langsam, auch die technische Entwicklung stockte: 1964 war der »P 60 I« noch auf der Höhe der Zeit, doch in den folgenden 25 Jahren wurde er kaum verbessert.

Eine weitere Entwicklungsbremse: Weil der Wagen des kleinen Mannes nicht viel kosten durfte, Zubehör und Rohstoffe aber teurer wurden, nahm der Staat immer weniger mit der Autoproduktion ein. 1970 überwiesen die Betriebe noch ein Viertel des Kaufpreises an die Staatskasse, 1989 waren es gerade noch fünf Prozent.

Der Trabant – ein Symbol der Einheit

Was im Osten ein Statussymbol für seinen Besitzer war, wurde im Westen belächelt. Prächtig amüsieren konnte sich der »Wessi« auch über die Karosserie aus Plastik. Schon 1936 hatte es in Zwickau Versuche mit Kunststoff gegeben. Als die Abhängigkeit von Blechen aus dem Westen immer drückender wurde, besannen sich die DDR-Ingenieure dieser Tradition. Der Duroplast-Pressstoff aus Baumwollfasern und 50 Prozent Phenolharz konnte mit Blech mithalten: 1966 ließen die Konstrukteure ihre Erfindung einen 35 Meter langen Steilhang hinunterrollen: Viermal überschlug der Wagen sich – und doch ließen sich noch beide Türen öffnen.

Auch »Wessis« blicken dem stinkend knatternden Repräsentanten einer vergangenen Zeit liebevoll hinterher – vielleicht, weil der Wagen, der mit seinen runden Scheinwerfern so treu blickt, ein Symbol der Einheit ist. Als im November 1989 die Mauer plötzlich offen stand und die dumpfen Beifallsschläge der Westberliner aufs Dach die ersten Trabis nach Westberlin begleiteten, ging die wahr gewordene Vision um die Welt.

Burkhard Fraune

Trenchcoat

Chic aus dem Schützengraben

Manch berühmter Leinwandheld ist ohne ihn unvorstellbar. Was wären Humphrey Bogart in »Casablanca«, Marlene Dietrich oder Oberinspektor »Derrick« ohne ihren Trenchcoat? Verbreitung fand der beliebte Regenmantel – wie so vieles – erst durch den Krieg.

Die berühmtesten Detektive sehen bei ihren diskreten Recherchen alle gleich aus: ein tief in die Stirn gezogener Hut und dazu ein Trenchcoat. Ohne diese Kleidungsstücke kein Fahndungserfolg. Jedoch: Der beigefarbene Regenmantel mit dem karierten Innenfutter, zwei Knopfreihen und den dunklen Lederschnallen wurde weder für romantische Leinwandhelden noch für ermittelnde Polizeibeamte erfunden. Der klassische Trenchcoat sollte die Soldaten im Ersten Weltkrieg vor Wind und Wetter schützen. Die englischen Soldaten litten damals sehr unter der Kälte in den feuchten Schützengräben – bis die Armee die neuen Mäntel auslieferte. Weil diese Mäntel ursprünglich nur für die Frontsoldaten hergestellt wurden, heißen sie bis heute »Trenchcoat« (engl. »Schützengrabenmantel«).

Von Humphrey Bogart und Winston Churchill bis Marlene Dietrich, sie alle trugen mit Vorliebe diesen Schutz vor Wind und Wetter.

Bis es Mäntel wie den Trenchcoat gab, waren viele Jahre vergangen, während derer die Textilien gar kein Wasser abhielten. Taten sie es doch, waren sie so steif, dass sich kein Mensch darin bewegen konnte. Schon im 19. Jahrhundert haben sich Tüftler mit diesem Problem beschäftigt und verschiedene Techniken ausprobiert, von Öl über Schmierschichten bis hin zu Kautschuk. Auch der junge englische Tuchhändler Thomas Burberry nahm sich des Problems an. 1856 hatte er sich im Alter von 21 Jahren selbstständig gemacht und ein Geschäft in der Winchester Street im kleinen Örtchen Basingstoke/Grafschaft Hampshire eröffnet. Burberry war fleißig, engagierte sich für das Gemeinwohl und umgab sich mit den besten Assistenten. Jeden Arbeitstag begannen sie mit einem gemeinsamen Gebet.

Der »Burberry« – Regenschutz für die britische Armee

Den Erzählungen nach verdankten die Weltkriegssoldaten den neuen Stoff ihrer Mäntel einem Gespräch zwischen Thomas Burberry und seinem Hausarzt. Die Männer hatten diskutiert, was besser sei: völlig durchnässt zu werden oder in der dampfigen Luft der dicken herkömmlichen Regenmäntel zu schwitzen. Für Burberry war die Frage auch persönlich nahe liegend: Er liebte die Jagd im schottischen Hochland, doch sie war ein ständiger Kampf mit Regen und Nebel. Angeblich schlug der Arzt vor, dass man einen Stoff entwickeln müsse, der nicht nur wasser- und winddicht, sondern auch noch atmungsaktiv sei. Begeistert von dieser Idee, machte sich der junge Geschäftsmann an die Entwicklung eines solchen Stoffes und testete die daraus geschneiderten Regenmäntel so oft, bis er zufrieden war. Das Ergebnis nannte er »Gabardine«. Dabei handelt es sich um ein Gewebe, das aus reinwollenen Kammgarnen, Viskose-(Baumwoll-)Kammgarnen oder Kammgarnketten hergestellt wird. Durch die engen Maschen wurde der Stoff so dicht, dass er wetterfest und trotzdem weich war. Weil das Garn vor dem Weben der Tuche wasserfest gemacht wurde und nicht erst danach, blieb der Stoff atmungsaktiv. Nicht nur das: Gabardine war ungewöhnlich reißfest. 1888 erhielt Burberry ein Patent für seine Erfindung. Der Legende nach werden die Trenchcoats erst »Burberries« genannt, seit König Edward von einem Kammerdiener seinen »Burberry« verlangte.

In der Zwischenzeit hatte der immer erfolgreichere Unternehmer sein Geschäft in Basingstoke verkauft, war nach London umgezogen und hatte sein Markenzeichen entworfen, ein Wappen mit einem Ritter in Rüstung zu Pferde. 1914, während des Ersten Weltkriegs, bekam die Firma Burberry von der englischen Armee den Auftrag, für die Soldaten in den französischen Schützengräben 50 000 Trenchcoats aus dem neuen Mantelstoff herzustellen. Die Markenzeichen der Burberry Trenchcoats waren neben der beigen Farbe das kamelgelb-schwarz-rot-weiß karierte Innenfutter, die Schulterklappen, der Sturmsattel zum Schutz des Schulterbereichs, der Stoffgürtel mit Metallösen sowie die lederbezogenen Ärmelspangen. Jedes Detail am Trenchcoat war speziell für den Einsatz in der Armee durchdacht: An den erwähnten Schulterklappen konnten Rangabzeichen angenäht werden, an den Gürtelringen wurden die Granaten befestigt und unter den Brustlappen wurde das Gewehr geschützt. Außerdem konnten die Kragen- und Manschettenbänder sehr schnell mit nur einer Hand zugezogen werden.

Der Trenchcoat erobert Kinoleinwände und Laufstege

Thomas Burberry arbeitete bis weit nach seinem 80. Geburtstag und starb am 4. April 1926 im Alter von 90 Jahren. Die Erfolgsgeschichte des Trenchcoats hatte jedoch erst begonnen. Da die Soldaten nach dem Krieg nicht auf diese Mäntel verzichten wollten, wurden sie zur Alltagsgarderobe und waren bald nicht mehr aus dem Straßenbild wegzudenken. Einen wichtigen Meilenstein für den Erfolg des Trenchcoats setzte Humphrey Bogart 1942 als »Rick« in »Casablanca«. Das kräftige Zubinden seines Trenchcoatgürtels begleitet ihn durch den ganzen Film und endet in der Schlussszene, in der sein Mantel im Propellerwind des startenden Flugzeugs flattert.

Mal länger, mal kürzer,
mit unterschiedlichen Kragen- und Ärmelformen,
großen oder kleinen Knöpfen, mal poppig bunt, mal uni –
der Trenchcoat machte alles geduldig mit.

Ein anderer Filmheld im Trenchcoat ist »Derrick« alias Horst Tappert, der bei jedem Wetter mit seinem Mantel auf Verbrecherpirsch geht. Genauso wie ihre Kollegen haben auch »Columbo« alias Peter Falk und Sherlock Holmes stets auf ihren Trenchcoat gesetzt. Bei den Detektiven ist der Mantel oft verknittert; zu Armeezeiten wäre das undenkbar gewesen. Aber nicht nur auf der Leinwand konnte der Trenchcoat seinen Erfolgsweg weitergehen. Auch Winston Churchill trug bei Regen mit Vorliebe diesen Schutz vor Wind und Wetter.

Anfangs ausschließlich ein Männermantel, bahnten Filmstars wie Marlene Dietrich, die ja mit Genuss Männerkleidung anzog, den Weg des Trenchcoats in die Kleiderschränke der Frauen. Eine weitere Liebhaberin des Armeemantels war Audrey Hepburn, die in dem Filmklassiker »Breakfast at Tiffany's« einen Trench zu ihrem Markenzeichen machte. Ebenso Katharine Hepburn oder ganz aktuell: das Supermodel Kate Moss, das neue Burberry-Werbegesicht.

»Wir haben festgestellt, dass die Leute diese Mäntel ewig tragen und sogar weitervererben.«

Burberry-Designer Christopher Bailey in der »Welt am Sonntag«

Der Trenchcoat ist beliebter denn je, vielleicht auch, weil sich der ursprünglich beige Regenmantel nicht gegen die modeschöpferischen Ideen der Designer sträubte. Mal länger, mal kürzer, mit unterschiedlichen Kragen- und Ärmelformen, großen oder kleinen Knöpfen, mal poppig bunt, mal uni – der Trenchcoat machte alles geduldig mit.

Als 2004 die Mode der 1950er-Jahre en vogue war, feierte auch der Trenchcoat ein weiteres Revival. In den aktuellen Versionen ist die Knopfleiste unverdeckt, und die Ärmel sind häufig fledermausartig geschnitten. Besonders in der Damenvariante betont der Trenchcoat die Figur, denn der Gürtel wird eng geknotet. Eines haben jedoch die meisten aktuellen Trenchcoats gemeinsam: Vom langen Schützengrabenmantel ist nicht viel geblieben. Vielmehr endet der moderne Trenchcoat kurz über dem Knie und ist damit nicht mehr ganz so wettertauglich wie das längere Original.

Die Geschichte des Trenchcoats ist mit Sicherheit noch nicht an ihrem letzten Kapitel angelangt, und die Designer feilen an neuen Modellen für den nächsten Winter. Der Trenchcoat ist ein Traditionskleidungsstück; er hat nicht nur zwei Weltkriege und ein Jahrhundert überlebt, sondern fand auch Liebhaber weit über die britischen Grenzen hinaus.

Jennifer Bligh

T-Shirt

Von drunter nach drüber

Starkult, Kontroversen, Selbstverwirklichung – wer etwas zu sagen hat, druckt es sich aufs Hemd. Selbst eine schmale Brust kann eine großartige Werbefläche sein – seit es das T-Shirt gibt. Begonnen hat der unaufhaltsame Siegeszug des einstigen Unterhemds in der US-Navy.

»Der Krieg ist der Vater aller Dinge«, schrieb der Philosoph Heraklit. Ersetzt man »Krieg« durch »Militär«, so gilt das selbst für manches Kleidungsstück. Dazu gehört ein eng anliegendes, pulloverartiges Oberteil aus Baumwolltrikot mit kurzen Ärmeln und rundem Halsausschnitt: das »T-Shirt«, ein Modeklassiker.

Obwohl das T-Shirt zweifellos ein durch und durch amerikanisches Produkt ist, liegen seine Ursprünge in Europa. Die Legende besagt, die Originalform des Kleidungsstückes sei 1890 entstanden, als sich die englische Königin Victoria zur Visite eines Kriegsschiffes ankündigte. Der Kapitän befahl daraufhin den Matrosen, an ihr Sportunterhemd, das sie als Arbeitskleidung trugen, kurze Ärmel anzunähen. Das Auge der als besonders prüde geltenden Queen habe nicht durch den Anblick männlichen Achselhaares beleidigt werden sollen. Tatsache ist, dass das T-Shirt aus dem Trikotleibchen der Seeleute entstanden ist, welches später als Ruderleibchen Verwendung fand.

Den Marinesoldaten gefiel das T-Shirt so gut, dass sie bald nichts mehr darüber trugen – nicht zuletzt, weil es Wirkung auf das weibliche Geschlecht zeigte.

Weiße kurzärmelige Baumwollunterhemden trug vor der Wende zum 20. Jahrhundert allerdings auch der zivile Mann. Modischere Formen waren dann in den 1920er-Jahren als Unterwäsche vor allem amerikanischer Geschäftsleute en vogue. Doch erst ein neuer Schnitt machte das Weißwäschestück zu etwas Besonderem. 1942, mitten im Zweiten Weltkrieg, suchte die amerikanische Marine ein bequemes, strapazierfähiges und pflegeleichtes »Training Shirt«. Die Ausschreibung ging an die Wäschefabrikanten: Das Hemd sollte aus weißer Baumwolle sein, einen runden Halsausschnitt haben sowie mit kurzen Ärmeln im rechten Winkel zum Körper hergestellt sein.

Vom Sporthemd zur trendigen Oberbekleidung

Das »Training Shirt« wurde bald zum »T-Shirt« verkürzt, was gleichzeitig auf die T-Form des Hemdes hinwies. Den Marinesoldaten gefiel das bequeme neue Kleidungsstück so gut, dass sie bald nichts mehr darüber trugen – nicht zuletzt, weil es Wirkung auf das weibliche Geschlecht zeigte. Schnell führte auch die US Army Trikotunterhemden ein, in Olivgrün. Die GIs tauschten und verkauften sie nach dem Krieg massenhaft in Europa. Mitte der 1940er-Jahre kamen dann T-Shirts auf, deren Vorderseite mit dem Namen des Schiffes oder der Einheit des Soldaten bedruckt war. Dies war die Geburtsstunde des bedruckten T-Shirts.

Den Sprung von der Sport- und Unterwäsche zur trendigen Oberbekleidung verdankt das T-Shirt Marlon Brando und dem Film »Endstation Sehnsucht«.

Den Sprung von der Sport- und Unterwäsche zur trendigen Oberbekleidung verdankt das T-Shirt dem Film »Endstation Sehnsucht« von 1951: Marlon Brando, das männliche Sexsymbol jener Zeit, präsentierte in der Rolle des Arbeiters Stanley Kowalski seinen muskulösen Oberkörper in einem eng anliegenden T-Shirt. Und der Kaufrausch begann: Warenhäuser und Kataloge nahmen das »sexy white shirt« in ihr Angebot auf und fanden dankbare jugendliche Abnehmer; die Umsätze explodierten. Die Käufer kombinierten es mit Bluejeans und befreiten sich von der spießigen Kleidung ihrer Zeit. Vier Jahre später, 1955, erschien in »... denn sie wissen nicht, was sie tun« ein neues Jugendidol auf der Leinwand: James

Dean. »Rebel Without A Cause« war der Originaltitel des Films. Eindrucksvoll zeigt der Streifen das Aufbegehren der Jugend gegen die tradierten, verknöcherten Vorstellungen der Elterngeneration. Mittendrin der juvenile Hauptdarsteller: in roter Jacke und weißem T-Shirt.

Das T-Shirt als nonverbales Kommunikationsmittel

Ab Mitte der 1950er-Jahre tauchten die ersten T-Shirts mit aufgedruckten Werbeinschriften auf. Zu Berühmtheit gelangte das Bild aus dem französischen Streifen »Außer Atem« von 1959. Es zeigt die amerikanische Schauspielerin Jean Seberg an der Seite von Jean Paul Belmondo als wandelndes Hemdplakat für den »New York Herald Tribune« auf den Pariser Boulevards.

Dennoch dauerte es länger als ein Vierteljahrhundert, bis dem »T-Shirt-Print« der Durchbruch gelang. Anthropologen sehen Parallelen zur Körperbemalung, die bei den Naturvölkern die Stammeszugehörigkeit zeigt. Moderner deuten die Soziologen bedruckte T-Shirts als neue nonverbale Kommunikationsmittel des ausgehenden 20. Jahrhunderts. Tatsächlich erkannte die jugendliche Hippiekultur der 1970er-Jahre die Möglichkeiten, die das einstige Militärhemd bot: Revolutionäre Parolen wie »Make Love, Not War« konnte sie damit jedem mitteilen, ob er sie nun hören und sehen wollte oder nicht. Das T-Shirt wurde beliebtes Freizeitoberteil beider Geschlechter.

Das bedruckte T-Shirt ist eine leicht verderbliche Ware. Wen interessieren heute noch die Parolen von vorgestern? Auch Helden und Idole sind vergänglich. Das Print-T-Shirt ist ein Produkt der Wegwerfgesellschaft. Nicht zu leugnen ist allerdings der Wert des bedruckten Oberteils als Medium für Statements, in denen sich Zeitgeist und Themen einer Epoche widerspiegeln. Beispiele hierfür sind etwa »Legalize Marihuana« (1970), »No Nukes« (1985) und »Stop Aids« in den 1990er-Jahren. Natürlich kamen auch die Marketingstrategen schnell auf die Idee, T-Shirt-Träger als kostengünstige Werbefläche für ihre Produkte zu nutzen. Doch bald drehten emanzipierte und gewitzte Teenager den Spieß um. Aus »Coca-Cola« machten sie kurzerhand »Co-Caine«.

Die ästhetisch anspruchsvollere Seite der T-Shirt-Produktgeschichte ist das »Art-Shirt«. Es entstand in den 1980er-Jahren und war mit Werken

Mondrians, Picassos, Warhols oder Lichtensteins bedruckt. Auch weitgehend unbekannte Künstler ohne Aussicht auf eine eigene Ausstellung konnten mittels T-Shirt-Druck ihre Werke öffentlich zur Schau stellen. Zu den kreativsten T-Shirts zählt das »Tattoo-Shirt« des französischen Designers Jean-Paul Gaultier. Seit 1996 versieht er durchsichtige, dehnbare Stoffe mit fantasievollen All-over-Drucken und erweckt damit den Anschein eines Bodypaintings.

Bedruckte T-Shirts: nach Ansicht von Wissenschaftlern das neue nonverbale Kommunikationsmittel des ausgehenden 20. Jahrhunderts.

Am weitesten verbreiten konnte sich von den neuen T-Shirt-Entwicklungen jedoch das Prinzip »Create your own T« ein Spezialangebot von Copyshops. Hier kann jeder Hobbykünstler das Bild seiner Geliebten, der Hauskatze oder gar der gesamten Familie als Geburtstagsgeschenk verewigen lassen oder es selbst auf der Brust durch die Straßen tragen.

Aber auch witzige, fromme oder gehässige Sprüche fanden ihre Träger. Ein Mann etwa spazierte durch Hamburg mit der T-Shirt-Aufschrift »Wanted«. Darunter: das Konterfei seiner Schwiegermutter ...

Harry D. Schurdel

Tupperware

Küchenträume aus Polyethylen

Sie verabschiedet sich nie ohne ein vernehmbares Zischen. Nicht, dass sie etwas dagegen hätte, in Kühlschrank oder Küchenregal zu verschwinden – nein, die Tupperdose zischt seit 60 Jahren: aus Gewohnheit und aus patentrechtlichen Gründen.

Die »Wunderschüssel« von Earl S. Tupper, die 1946 auf den Markt kam, überzeugt bis heute durch ihren raffinierten Trick. Den sensationellen Sicherheitsverschluss meldete der Erfinder 1948 zum Patent an. Ein leichter Druck auf den Deckel, und schon entweicht die Luft aus der Schüssel. So bleibt Frisches länger frisch und kommt appetitlich auf den Tisch.

»Tupperpartys« brachten oft ganze Nachbarschaftsviertel auf Trab und dienten nicht allein dem Verkauf, sondern auch der Kommunikation.

Die steile Karriere seiner Erfindung wird Tupper wohl selbst nicht vorausgeahnt haben. Der ästhetische Reiz einer Plastikschüssel ist bekanntlich begrenzt, und Liebhaber festlicher Tafelfreuden verwenden lieber Glas und Porzellan als den Kunststoff Polyethylen. Tupper jedoch war fasziniert von den Vorteilen des Plastiks. Der Chemiker sammelte in einer Fabrik erste Erfahrungen, bevor er sich 1938 mit der »Earl S. Tupper company« selbstständig machte. Er bat seinen früheren Arbeitgeber, die Chemiefabrik DuPont, um Polyethylenschlacke, ein Abfallprodukt der Erdölverarbeitung, um damit zu experimentieren. Tupper raffinierte die zähe schwarze Masse und schuf eine halb durchsichtige, biegsame und extrem dauerhafte Substanz, die sich problemlos in Formen gießen ließ. 1945 brachte er seinen ersten Haushaltsartikel auf den Markt: einen Zahnputzbecher. »Eines der sensationellsten Produkte aus modernem Kunststoff«, warb eine Zeitungsannonce, sei erhältlich »in den matten Pastelltönen Weiß, Himbeerrosa, Zitronengelb, Pflaumenblau und Orange, außerdem in Karminrot und Bernstein«. Als Nächstes brachte Tupper seine viel gerühmte »Wunderschüssel« auf den Markt. Drei Schüsseln in unterschiedlicher Größe, mit einem Deckel verschließbar. Die Vorteile des Polyethylens im Haushaltsbereich liegen auf der Hand. Die künstlich hergestellte Kohlenwasserstoffverbindung geht nicht zu Bruch, hält Temperaturen von -85 bis +90 °C stand, ist dazu geschmacksneutral und formbeständig.

»I've got that Tupper feeling in my head, deep in my heart ...«

Aus einem Tuppersong von 1954

Eine Party als Verkaufsstrategie

Um ein Haar wäre der perfekte Sicherheitsverschluss der Dose allerdings zum Verhängnis geworden. Viele Frauen wussten mit dem Deckel einfach nicht umzugehen. Aber der Zufall half. Die wortgewandte Vertreterin Brownie Wise war von der Tupperschüssel überzeugt. Also lud sie interessierte Frauen zu sich nach Hause ein, um zu zeigen, wie sie mit den Schüsseln umzugehen hatten. Der Erfolg war überwältigend. Wise machte Umsätze von bis zu 1500 Dollar pro Woche! Die ungewohnt angenehme Atmosphäre einer Verkaufsberatung auf dem Sofa, mit Kaffee und Kuchen und einer gehörigen Portion Klatsch und Tratsch aus der Vorstadt traf ganz offensichtlich die Bedürfnisse der amerikanischen Hausfrau: »Tuppern« wurde zum großen Hit. 1951 zog Tupper seine Plastikschüsseln aus dem Einzelhandel zurück und stellte dafür Beraterinnen ein, die seine Produkte auf Privatveranstaltungen vertrieben. Schon drei Jahre später waren 9000 Verkäuferinnen für die Tupperware unterwegs. Um die Kundschaft zu locken, bekamen die Gastgeberin und ihre Gäste ein kleines Geschenk. Der Umsatz schnellte 1954 auf 25 Millionen Dollar hoch. Selbstbewusst gewährte Tupper 30 Jahre Garantie, und Kundinnen bekamen das Gefühl, eine Anschaffung »fürs Leben« zu machen.

Nicht nur in den Küchenschränken, sondern auch im New Yorker »Museum of Modern Art« zu finden: die Tupperdose.

Die konsequente Verkaufsstrategie machte aus der Tupperware ein regelrechtes Event. »Tupperpartys« brachten oft ganze Nachbarschaftsviertel auf Trab und dienten nicht allein dem Verkauf, sondern auch der Kommunikation der Frauen. Das soziale Element ist es bis heute, was die Menschen im Namen der Plastikdose auf die Beine bringt. 1962 machten die ersten Beraterinnen die Tupperware in Deutschland bekannt; ihre Zahl ist inzwischen auf stramme 60 000 angewachsen. Und nicht allein Frauen sind unter ihnen. Auch 2000 männliche Berater gibt es inzwischen; überhaupt steigt der Männeranteil an den Tupperpartys kontinuierlich. Inzwischen gibt es sogar Veranstaltungen nur für Männer.

Die »Wunderschüssel« von Earl S. Tupper überzeugt bis heute durch ihren raffinierten Trick.

Der Unterhaltungsfaktor der Tupperpartys allein hätte den Erfolg der Ware über 60 Jahre hinweg aber nicht garantieren können. Auch die ständige Erneuerung des Designs trug zum langen Leben der Tupperware bei. Das Image der hausbackenen Plastikdose ließ sie hinter sich und mutierte zum modischen Haushaltsaccessoire. Einige Exemplare sind sogar im New Yorker »Museum of Modern Art« ausgestellt worden. Höher kann eine Plastikschüssel wohl nicht geadelt werden!

Karin Schneider-Ferber

Unterhose

Reine Männersache

Das »starke Geschlecht« war es, das irgendwann um 1100 den Unterleib in Hosen hüllte und der Errungenschaft fortan treu blieb – von der »Bruche« im Mittelalter bis zum heutigen »Feinripp« mit Eingriff ...

Die längste Zeit in der Menschheitsgeschichte kamen Männlein wie Weiblein ohne spezielle Unter(leibs)bekleidung zurecht. Erst ab dem 11. Jahrhundert sichtet die Kulturhistorie bei den Herren der Schöpfung eine Art Unterhose aus weißem Leinen: die sogenannte »Bruch(e)« mit Wickelbund oder Gürtel, an den lange Strümpfe angenestelt wurden. Neben verschiedenen Bruche-Modellen gab es um 1300 für Ritter und sonstiges Reitervolk auch hirschlederne, stoffgefütterte Reit(unter)hosen.

Um 1650 taucht dann – ausschließlich für Männer – die »moderne« Trikotunterhose auf. Für Frauen galt: »Ein Weib soll nicht Männertracht tragen, und ein Mann soll nicht Frauenkleider anziehen; denn ein Gräuel ist dem Herrn, deinem Gott, ein jeder, der solches tut« (Deuteron. 22,5). Und auch nur sozial höherstehende Männer konnten sich Leibwäsche aus der teuren Baumwolle leisten. Der einfache Städter ging um 1800 darunter »ohne«, und wenngleich im 19. Jahrhundert einzelne Frauen auf Reisen Trikotunterhosen trugen, blieb das Gros der Damenwelt bei Unterröcken. 1803 klagte der Arzt Gottfried Wilhelm Becker: »Warum kann man unsere Frauen so schwer dahin bringen, sich der Beinkleider zu bedienen; sie, die deren doch aus so manchen Gründen am Ende noch benöthigter wären als wir Männer? Wie manche wollüstige Regung würde vermieden werden, wenn die nackten Schenkel nicht so übereinandergeschlagen werden dürften.«

Um »Unterhosen-Werbung« machte sich besonders die Gruppe der Soldaten verdient. Ihnen wurde die Unterhose um diese Zeit von staatlicher Seite verordnet. Erhaltene Militärhandbücher erwähnen den Gebrauch der Unterwäsche, und man kann sich wohl darauf verlassen, dass die Vorschriften tatsächlich eingehalten wurden. Die Soldaten verbreiteten diese neue Kleidersitte dann sicherlich auch im zivilen Leben. Allerdings setzte sich selbst im Militär die Unterhose erst nach 1850 wirklich durch: Im »Handbuch der Bayerischen Militärökonomie« von 1830 ist von Unterhosen noch nicht die Rede. Im preußischen »Lehrbuch der Militärhygiene« aus dem Jahr 1869 ist dann zu lesen: »Unterbeinkleider sind schon aus Reinlichkeitsgründen kaum zu entbehren ... Unterhosen müssen gut über den Leib schließen, genügend weit sein, bis an die Knöchel reichen und hier durch Bänder befestigt werden; wollene tragen wesentlich zum Warmhalten des Unterleibs bei und machen Leibbinden unnötig, im Sommer bestehen sie zweckmäßig aus Baumwolle oder Merino.«

Unbehost durch Stadt und Land

Die Mehrzahl der deutschen Städter kam auch in der zweiten Hälfte des 19. Jahrhunderts unbehost durch Leben. Der bayerische König Maximilian II. verlangte 1858 für alle Städte und Distrikte sogenannte Medizinaltopografien, in denen Lebensweise, Hygiene, Krankheiten usw. festgehalten wurden. Kaum einer dieser detailgenauen Berichte erwähnt Unterbekleidung bei der Bevölkerung.

Eine Fabrikarbeiterin verdiente Ende des 19. Jahrhunderts in einer Woche etwa den Gegenwert von zwei Unterhosen. Kein Wunder also, dass diese nicht eben weitverbreitet waren.

Aufschlussreiche Einblicke zum Thema gewähren erhaltene Krankenhausakten. 1844 bereitete ein Nürnberger Spital seinen Umzug vor; die Listen sind glücklicherweise erhalten geblieben. Für die männlichen Patienten waren in diesem Krankenhaus folgende Kleidungsstücke vorhanden: Schlafröcke, Hemden, Beinkleider von Leintuch für diejenigen, »welche sich außer dem Bette aufhalten«, sodann »Unterhosen, ebenfalls von Leintuch für die, welche das Bette hüten müssen«. Im neu errichteten Bau standen den Kranken – den männlichen, wohlgemerkt – dann 151 »Paar Unterhosen« zur Verfügung. Von 1865 an kaufte dieses große städtische Krankenhaus jährlich

100 Stück Herrenunterhosen, der Preis betrug 72–75 Kreuzer das Stück. Damit kostete ein Tag Aufenthalt in diesem Spital nur halb so viel wie eine Unterhose, nämlich 36 Kreuzer; eine Fabrikarbeiterin verdiente in Nürnberg in einer Woche etwa den Gegenwert von zwei Unterhosen.

Kein Wunder also, dass in den 1860er- und 1870er-Jahren in der großstädtischen Bevölkerung, zumindest bei Handwerkern, Fabrikarbeitern und Dienstboten, die Unterhose nicht eben weitverbreitet war. Als nach der Reichsgründung 1871 die letzte schwere Pockenepidemie das Deutsche Reich – und ganz Europa – heimsuchte und auch in Nürnbergs Pockennotspital viele Tote zurückließ, wurden die Habseligkeiten der Pockenopfer Stück für Stück aufgelistet. Genau ein Viertel von ihnen hatte bei der Einlieferung Unterhosen getragen. Das gewöhnliche Männerhemd vermochte durchaus die Unterhose zu ersetzen, war es doch damals so lang, dass es über das Gesäß reichte. Die in Norddeutschland heute noch gebräuchliche Redewendung »Mach dir man bloß nicht ins Hemd!« dürfte zu Zeiten entstanden sein, als die Männer der unteren Schichten unter ihrer langen Hose nur ein Hemd trugen.

Der Mann von Welt gefiel sich im eng anliegenden Einteiler mit Ärmeln und Hosenbeinen.

In der Frauenwelt, ganz besonders in ländlichen Regionen, wo Trachten getragen wurden, spielte die Unterhose keine Rolle. Zumal auch noch Anfang des 19. Jahrhunderts mancher Arzt den Unterrock als »für die weibliche Natur besser« befand, da er für Durchlüftung sorge … Dementsprechend war die erste Modellgeneration von Damenbeinkleidern im Schritt offen! In den 1930er-Jahren konnte die modemutige Großstädterin statt der taillenlosen Hemdhosen auch enge Trikotschlüpfer wählen.

Vom Einteiler zum Slip

Mit Beginn der Massenproduktion in der europäischen Strick- und Wirkwarenindustrie ab 1900 wurde Leibwäsche fürs Volk erschwinglich. Aus Baumwolle, Wolle, Seidentrikot oder Leinwand, knie- oder knöchellang waren die Unterhosen zu haben. Der Mann von Welt gefiel sich im eng anliegenden Einteiler mit Ärmeln und Hosenbeinen. Diese »Hemdhose« blieb übrigens bis in die 1950er-Jahre populär. Ende der 1920er-Jahre löst mit dem neuen Material Latex der bequeme Gummibund Knopfleiste oder Schnürband ab. Die in Amerika seit 1920 etablierten Boxershorts – sie gehörten zur Sommeruniform der Infanteristen – waren für den gut gekleideten Herrn auf dem Kontinent indiskutabel, allenfalls für Sportler zum ärmellosen »Athletenhemd« erlaubt. Erst in den 1940er-Jahren wurden diese vorn geknöpften Shorts als »Sportschlüpfer« in Deutschland akzeptiert.

»Unterbeinkleider sind schon aus Reinlichkeitsgründen kaum zu entbehren.«

Aus dem preußischen »Lehrbuch der Militärhygiene« von 1869

Der Auftritt des modernen Herrenslips fand 1934 statt, als die Firma Heinzelmann das »Piccolo-Höschen« auf den Markt brachte. Im gleichen Jahr präsentierte »Jockey« in den USA den ersten Slip, der in der Frontseite ein umgekehrtes Y als Eingriff hatte. Der Jockey-Y-Slip wurde patentiert – und zum Verkaufsschlager: In einem Chicagoer Kaufhaus gingen in drei Monaten 30 000 Exemplare über den Ladentisch! Europa eroberte der Jockey's Feinripp rund 20 Jahre später, blieb aber dann, in Variationen mit Mittelschlitz oder M-Front, das Maß männlichen Darunters. Mit dem Fitness- und Körperkult der 1990er-Jahre überschwemmte »Men's Underwear« in verwirrender Vielfalt die Wäscheabteilungen: Tanga, Shorty oder Rio Slip, Feinripp, Netzstoff oder Mikrofaser? Mann nimmt's überwiegend gelassen: Schließlich werden 70 Prozent dieser intimen Herrentextilie von Frauen gekauft.

Manfred Vasold

Verkehrsampel

Rot: Stehen – Grün: Gehen

Sie ist das Symbol für Halt und freie Fahrt zugleich: die Ampel. So gut wie jedes Kind kennt heute die Regel: Bei Rot stehen, bei Grün gehen. Die heutige Gestalt des Verkehrslichts hatte dabei höchst unterschiedliche Vorläufer.

Als 1924 die erste Ampel am Potsdamer Platz in Berlin leuchtete, beschrieb sie eine Zeitung eindrücklich: »Wer in dieses freundliche und hoffnungsvoll schimmernde, grüne Licht blickt, der weiß, dass die Straße freigegeben ist, und sofort setzt sich die lange Wagenreihe in Bewegung. Dann erlischt Grün und Weiß kommt wieder zum Vorschein: Aufgepasst. Und alsbald flammt das rote Auge auf und vor seinem drohenden Licht erstarrt der Verkehr.« Der Journalist war begeistert von dieser Neuheit und nannte sie »Leuchtturm vom Potsdamer Platz«. Sein Lichterspiel zog in den ersten Tagen Hunderte von Schaulustigen an.

Es schien an ein Wunder zu grenzen, dass diese funkelnden Lichter den Verkehr tatsächlich bändigen konnten, der in der Reichshauptstadt seit dem Ersten Weltkrieg stark angewachsen war. Die Schutzmänner hatten zuvor allerlei Gerät gebraucht, um die notwendige Aufmerksamkeit auf sich zu lenken. So saß der Verkehrspolizist am Potsdamer Platz als »allmächtigster Mann von Berlin« nicht nur auf einem Hochstand, »der in seiner provisorischen Form an eine Jagdkanzel erinnert.« Um den jeweiligen Richtungswechsel anzukündigen, blies er eine Trompete.

Vom Volksmund deswegen zum »Posaunenengel« befördert oder aber als »Tyrann« beschimpft, hatte der Schutzmann längst nicht ausgedient, als die Ampel kam. Die Signale des neuartigen Verkehrsturms mussten mit der Hand umgestellt werden, und an etlichen Kreuzungen richtete sich der Verkehr nach mobilen Verkehrssignalen, etwa nach »Fahrt-Halt-Signalgebern«. Auf ihnen erschienen nicht nur Farben, sondern auch Wörter.

Überhaupt prangten auf Deutschlands ersten Verkehrszeichen lange Sätze – im Gegensatz zu England, wo bereits 1904 Verkehrszeichensymbole eingeführt wurden, wie wir sie heute kennen: der rot umrandete weiße Kreis, das Gefahrendreieck und die Raute.

Lichtzeichenanlagen regeln den Verkehr

Die Engländer waren auch die Ersten, die den Verkehr mit einer Lichtzeichenanlage regelten – zumindest haben sie es versucht, am 10. Dezember 1868 an der Bridge Street in Westminster. Ein den Eisenbahnsignalen nachempfundenes Gerät zeigte tagsüber zwei klappbare Arme. Wurde es dunkel, erschien ein mit Gas betriebenes, grünes oder rotes Licht. Grün hieß »Achtung« und Rot »Halt«. Zwei Stunden funktionierte die Anlage, dann explodierte sie. Ein Polizist soll dabei ums Leben gekommen sein – Ende des Experiments.

Erst 45 Jahre später entstand in den USA die erste elektrische Lichtzeichenanlage. Angeregt durch die gute Fernwirkung der stark gebündelten Strahlen der Eisenbahnscheinwerfer, führte James Hoge 1913 in Cleveland (Ohio) erstmals Tageslichtsignale in den Straßenverkehr ein. Bei diesen Anlagen bedeutete Grün »Fahrt frei«, Gelb »Achtung« und Rot »Halt« – genau wie heute.

Die Leuchten der Ampel am Potsdamer Platz waren zunächst waagrecht angeordnet (so auch die Leuchten des Nachbaus, der dort heute an die erste Ampel Deutschlands erinnert). 1928 setzte sich dann das senkrechte Lichtzeichensystem mit den Farben Rot, Gelb und Grün durch. Weil die Anlage in der Luft hing, nannte der Volksmund sie bald »Ampel« – nach den hängenden Deckenleuchten. Zwei Jahre später war die Lichtzeichenanlage gesetzlich vorgeschrieben. Eigene Ampeln für Fußgänger ließen noch bis 1957 auf sich warten, dann ging in der Berliner Straße »Unter den Eichen« am Montag, dem 15. Mai, um 15 Uhr die erste Fußgängerampel in Betrieb. Der Leiter der Steglitzer Polizeikommission, Kommissar Miczek, der die Neuheit ausprobiert hatte, schilderte: »Es klappt, Zwischenfälle hat es in den ersten 24 Stunden nicht gegeben. Die Fußgänger kommen zu ihrem Recht, ohne dass den Kraftfahrern Unrecht geschieht.« Es ist unbekannt, wie viele Ampeln mittlerweile in Deutschland still und leise den Verkehr regeln. In Hamburg etwa sind es 1700. Allein für ihre Wartung und ihren Betrieb sind rund um die Uhr an die Hundert Menschen im Einsatz.

Die Ampel – Symbol mit Kultstatus

Über ihre verkehrsregelnde Funktion hinaus ist die Ampel – ob mit, ob ohne Männchen – längst zu einem Symbol geworden, dessen sich die Werbung gerne bedient. Nicht nur Internetdienste machen mit einer grünen Ampel deutlich, dass man »drin ist«. Firmen fordern zum Kauf ihrer Produkte auf, indem sie eine Ampel zeigen, die gerade auf Grün springt: »Worauf warten Sie?«

Ob nun Fußgänger immer das grüne Licht abwarten, bis sie die Straße überqueren, kann zu einer Art Kulturindikator avancieren. Es scheint eine typisch deutsche Tugend zu sein, brav zu warten, selbst wenn weit und breit kein Auto zu sehen ist. Gängig ist die Ansicht, die das Goethe-Institut verbreitet: »Die Deutschen laufen nicht bei Rot über die Straße. Aber Ausländer gehen damit lockerer um, auch mit Kleinkindern.«

Während die meisten Ampeln nur in ihrer Funktion wahrgenommen werden, hat das »Ampelmännchen« der DDR Kultstatus. Anschaulicher als die Strichmännchen im Westen, gewannen die Ostmännchen umso mehr an Sympathie, je mehr von ihnen entfernt wurden. Sie stiegen in der Nachwendezeit zu Symbolen gegen die Abwicklungsmentalität auf, die nicht alle nachvollziehen konnten. Dass sich für ihren Erhalt sogar ein »Komitee zur Rettung der Ampelmänner« engagierte, erklärt sich der »Vater« der Figur, Karl Peglau, so: »Vermutlich liegt es an ihrem besonderen, einer Beschreibung kaum zugänglichen Fluidum von menschlicher Gemütlichkeit und Wärme, wenn sich so viele Menschen von diesen Symbolfiguren der Straße angenehm berührt und angesprochen fühlen und darin ein Stück ehrlicher historischer Identifikation finden, was dem Ampelmännchen das Recht zur Repräsentation der positiven Aspekte einer gescheiterten Gesellschaftsordnung gibt.«

Darijana Hahn

Wäschewaschen

Weißer als weiß

Von den Waschhäusern der Antike, vor denen die Urinkübel dampften, bis zur halbleitergesteuerten Waschmaschine war es ein weiter Weg. Und vor hundert Jahren noch weichte, spülte und bleichte die Hausfrau einen ganzen Tag, wo heute ein Knopfdruck reicht.

Bis weit ins 20. Jahrhundert war das Waschen eine ziemliche Plackerei, die fast immer an den Frauen hängen blieb. Die ältesten Zeugnisse dieser Kulturtechnik der Reinlichkeit stammen aus den Herrscherhäusern. Ihnen zufolge gehörte zum Hofpersonal des Pharaos ein »Oberwäscher«, der ein festgeschriebenes Programm überwachte: Klopfen, Waschen, Spülen, Aufhängen. Für den eigentlichen Waschvorgang nahmen die alten Ägypter eine Lauge aus Rizinus und Salpeter.

Die antiken Griechen und Römer wuschen ihre Heimtextilien in aufgekochter Pottasche. Sie hatten aber auch schon professionelle Waschanstalten. Dort wuschen sie – mit Urin. Sie ließen ihn einfach eine Weile stehen, denn fauliger Harn bildet Ammoniak. Das Ammoniak reagierte dann im Wäschefass mit dem Körperfett in der Kleidung zu einem seifeähnlichen Stoff – fertig war das Waschmittel! Da die Griechen dafür sehr viel Urin brauchten, standen vor vielen Wäschereien Fässer, mit der Bitte an männliche Passanten, diese doch aufzufüllen.

Von Waschweibern und Waschmännern

Die Geschichte des Wäschewaschens berichtet von einer Vielzahl von Hilfsmitteln wie Wasser, Sand, Aschenlauge, Seifenkraut, Rosskastanie, Honig, Bohnenmehl, Kleie und Gerstensauerteig. Erst 1698 schrieb der Mönch Abraham a Sancta Clara (1644–1709) in einem Ständebuch, dass

Seife, bislang nur zur Körperpflege benutzt, nun auch fürs Wäschewaschen »volkstümlich« wurde.

Bis zum Ende des 18. Jahrhunderts lernten die Waschweiber und -männer, weiche Kaliseife in feste Natronseife zu verwandeln. Doch erst die Franzosen Nicolas Leblanc (1742–1806) und Michel Eugène Chevreul (1786–1889) brachten einen echten Wendepunkt für Europas Waschhäuser: Der eine, Leblanc, fand heraus, wie aus gewöhnlichem Salz Soda gewonnen werden konnte; das machte den Seifengrundstoff billiger. Der andere, Chevreul, untersuchte die Struktur der Fette. So machten sie den Weg frei für die Massenproduktion von Seife – genau rechtzeitig, denn mit der Industrialisierung gab es immer mehr Textilien.

»Bademütter und Waschweiber reden viel an einem langen Sommertag.«

Redensart

In den 1880er-Jahren erwuchs der reinen Seife als Waschmittel Konkurrenz: Die Waschpulver kamen auf – Gemische aus Seife, Soda und Wasserglas (Alkalisilikate). Am 26. September 1876 gründete der aus Hessen stammende Kaufmann Fritz Henkel (1848–1940) in Aachen eine Waschmittelfabrik, »Henkel & Cie.«. Zwei Jahre später verlegte er den Firmensitz wegen der besseren Verkehrs- und Absatzlage nach Düsseldorf. Hier erhielt das bis dahin namenlose »Universalwaschmittel« seinen Namen: »Henkel's Bleich-Soda«. Es wurde zum Star in allen Waschküchen und in den Geschäftsbilanzen des Jungunternehmers. Heute ist Henkels Waschmittelunternehmen ein »Global Player«.

Bis ins 20. Jahrhundert war der – meist monatliche – Waschtag der Großkampftag der Hausfrau: Zunächst musste sie die Wäsche über Nacht gründlich einweichen. Am Waschtag selbst kochte sie die Wäsche ausgiebig in der Waschküche und rieb mit Wurzelbürste und Waschbrett den Schmutz heraus. Zum Nachspülen ging es dann an den Dorfteich oder einen Bach. Richtig sauber war die Wäsche da aber noch immer nicht. Also bleichten die Hausfrauen Laken und Hemden in der Sonne, damit sie sauber und frisch wirkten.

Später war die Erfindung chemischer Bleichmittel eine kleine Hilfe. Aber erst die Waschmaschine machte das Leben der Hausfrau wirklich leichter. Diese Waschhilfe hat inzwischen eine 400-jährige Geschichte: Vom ersten handbetriebenen Gerät des Briten John Tyzacke anno 1691 über die erste elektrisch betriebene Maschine des Amerikaners Alva Fisher aus dem Jahr 1908 bis zum Typ, der heute in den meisten Haushalten steht: Maschinen mit Programmautomatik und federnder Trommelaufhängung. Die Ersten davon sind in den 1960er-Jahren auf den Markt gekommen. Die modernsten Waschmaschinen werden von Computerchips gesteuert, von der Waschmittel- und Wasserdosierung bis zur Trocknung. Was früher einen ganzen Tag dauerte, braucht heute nur noch ein paar Handgriffe.

Weiße Wäsche – weiße Westen

Und dann die nahezu unüberschaubare Vielfalt der Waschmittel mit speziellen – stets hochgepriesenen! – Reinheits- und Reinigungskräften. Ein Waschmittel ragt immer noch heraus: Persil aus dem Hause Henkel, das seinerzeit erste »selbsttätige Waschmittel« der Welt. Am 6. Juni 1907 war in der »Düsseldorfer Zeitung« folgende »Geburtsanzeige« zu lesen: »In allernächster Zeit kommt das neue Waschmittel PERSIL auf den Markt, mit dem man durch einmaliges Kochen ohne Mühe, ohne Reiben blendend weiße Wäsche erzielt, dabei garantiert der Fabrikant die absolute Unschädlichkeit für die Wäsche. Vollständig ungefährlich bei beliebiger Anwendung. Passen Sie auf, Annoncen geben bekannt, wann PERSIL zu haben ist«.

In den 1880er-Jahren erwuchs der reinen Seife als Waschmittel Konkurrenz: Die Waschpulver kamen auf.

Seine zwei wichtigsten Grundstoffe standen Pate für den Namen des Pulvers: die Bleichmittel Perborat und Silikat. Mit Persil konnte Fritz Henkel ein Waschmittel anbieten, das nicht nur Haus- und Waschfrauen einen Teil der so mühsamen Wascharbeit abnahm, sondern das zugleich das erste deutsche Waschpulver mit gleichzeitiger Bleichwirkung war. Weil es auf Perborat anstelle von Chlor setzte, schonte es außerdem die Wäsche.

Im Jahr 1913 verwendete die Persilwerbung erstmals einen Slogan, der die Marke bis in die 1950er-Jahre begleitete: »Persil bleibt Persil.« Zum bekanntesten Plakat unter diesem Motto wurde 1922 die »Weiße Dame« mit Florentiner Hut. Fast 40 Jahre gehörte sie zum Straßenbild, wurde aber mehrmals den modischen Vorlieben der Zeit angepasst.

Auch Persil wandelte sich, doch eine wertvolle Marke ist es in seiner bald 100-jährigen Geschichte geblieben: Im Jahr 2002 hing jeder zehnte der 9,7 Milliarden Euro, die Henkel weltweit umsetzte, mit Wasch- und Reinigungsmitteln zusammen. Die Sparte gehört zu den ertragreichsten des Konzerns.

Bis ins 20. Jahrhundert war der Waschtag der Großkampftag der Hausfrau.

Weitverbreitete Markennamen übernimmt der Volksmund gern. Nur zwei Beispiele: Als im Jahr 1935 die Allgemeine Wehrpflicht wieder eingeführt wurde, bezogen die jungen Männer ihre Kaserne mit dem bald auch als »Rekrutenkoffer« bekannten Persilkarton. Und als die Alliierten nach dem Krieg begannen, die Deutschen zu entnazifizieren, gab es eine Vielzahl von »Weißwaschungen« belasteter Persönlichkeiten. Sie erhielten »Persilscheine« ...

Harry D. Schurdel

Weckglas

Genuss auf Vorrat

Sie waren früher das Standeszeichen der »tüchtigen Hausfrau« schlechthin: die Weckgläser mit Eingemachtem in den Regalen. Jede Hausfrau, die etwas auf sich hielt, hatte eine stattliche Zahl davon im Vorratsschrank stehen.

Gläser mit Marmelade, Kirschen, Zwetschen, Gurken und vielerlei mehr im Vorratsschrank – ist das nicht ein beruhigender Anblick? Eingekocht, ins Glas getan, Deckel verschlossen, und schon hält auf unbestimmte Zeit, was sonst bald ungenießbar geworden wäre.
Bis zur Erfindung des Weckglases gab es zur Konservierung von Lebensmitteln nicht viele Möglichkeiten: Man konnte sie trocknen, dörren oder einlegen, sei es in Salz, Essig oder Zucker. Bis eines Tages – Ende der 1880er-Jahre – der Gelsenkirchener Chemiker Rudolf Rempel eine bahnbrechende Idee hatte: Von den vielen Gläsern, die im Labor seiner Arbeitsstätte, der Kohledestillation AG, standen, nahm er einige und schliff ihnen den Rand ab. Dann füllte er Milch in die Gläser, versah diese mit einem Gummiring und einem Blechdeckel und kochte das Ganze in einem Wasserbad. Monate später prüfte er den Inhalt und siehe da: Die Milch, die er seinem Besuch zum Kaffee vorsetzte, schmeckte wie frisch.

»Wenn man einkocht, weiß man, was drin ist.«
Eberhard Hackelsberger, Geschäftsführer der Firma Weck

Nun gab es für Rempel kein Halten mehr. Die Sonntage waren ausgefüllt mit dem Einmachen von Obst und Gemüse aus dem heimischen Garten. Am 24. April 1892 wurden die vielen Versuche schließlich mit der Patentierung von Rempels Erfindung belohnt, wobei der 33-jährige Rempel dabei lediglich derjenige war, der ein bereits entwickeltes Prinzip – bei Hitze einkochen und vakuumdicht verschließen – für den Haushalt perfektioniert hatte.

Die Nachfrage nach Tempels Sterilisiergläsern und den dazugehörigen Sterilisierapparaten war so groß, dass der erfinderische Chemiker mit der Produktion kaum nachkam. Einer von Rempels ersten Kunden, Johann Weck, erwarb am 1. Januar 1897 – vier Jahre nach Rempels Tod – das Patent für die Erfindung, ließ sich im obstreichen Baden nieder und nannte die rempelschen »Wundergläser« ganz unbescheiden »Weckgläser«. Zwar stieg Weck bald aus dem Geschäft wieder aus, doch die Gläser behielten bis heute seinen Namen.

Weckgläser werden ausschließlich »mit der Natur« – dem Außendruck – verschlossen.

Einer der Mitgesellschafter, Georg van Eyck, verhalf den Einmachgläsern schließlich zu ihrem zentralen Stellenwert in den deutschen Haushalten. Van Eyck war so clever, bei der Vermarktung der Gläser hauptsächlich auf praktische Vorführungen zu setzen. Er stellte dafür zahlreiche Hauswirtschaftslehrerinnen ein, die das Einkochen mit den Weckgläsern in allen Einzelheiten zeigten – mit der Aufforderung: »Koche auf Vorrat!« Wie gut die neuartige Technik einschlug, zeigt sich nicht zuletzt daran, dass sich dafür schnell das Wort »Einwecken« durchsetzte. Bereits der Duden aus dem Jahre 1907 enthält es in seinem Wörterverzeichnis. Der Name »Weck« mit der dazugehörigen Erdbeere – als Hinweis auf den Beginn der Einmachsaison – gehört so zu den ersten Markenartikeln, bei denen der Markenname die eigentliche Produktbezeichnung ersetzt hat.

Der neue »Trend zum Eingemachten«

Millionen von Weckgläsern wurden bis zum Ende des Zweiten Weltkrieges in einer Glashütte bei Cottbus hergestellt – das Fundament einer jeden deutschen Vorratshaltung, vor allem in Zeiten von Nahrungsmittelknappheit.

Seit der Tiefkühlung und der ständigen Verfügbarkeit von Lebensmitteln jedweder Art hat das Einkochen naturgemäß stark abgenommen. Dennoch gibt es noch genug Leute – Gourmetköche, Biohöfe, klassische Hausfrauen und Geschmacksbewusste –, die weiterhin nach individuellen Rezepten ihre Marmeladen selbst zubereiten oder ihre Gartenernte entsprechend haltbar machen wollen. Marktforscher sprechen neuerdings gar von einem »Trend zum Eingemachten«. Rund eine Milliarde Einmachgläser werden pro Jahr in Deutschland gefüllt. Für Eberhard Hackelsberger, Geschäftsführer der Firma Weck, kein Wunder: »Wenn man einkocht, weiß man, was drin ist. Früher haben die Leute aus Vorratsgründung eingekocht, heute aus Geschmacks- und Gesundheitsfragen!

Die Firma Weck, die heute 250 Mitarbeiter beschäftigt, ist laut Eigenwerbung die einzige Firma weltweit, deren Gläser ausschließlich »mit der Natur« – dem Außendruck – verschlossen werden. Ebenso garantiert die Firma Weck »unbegrenzte Haltbarkeit« des Eingeweckten. Zum Beweis führt sie ein Firmenarchiv, in dem sich mehrere Hundert Gläser befinden. Das älteste ist von 1897 und mit Ananas gefüllt, das sicherlich kurioseste ist eines, das Löwenfleisch enthält – eingemacht nach einer Jagd auf ausgerissene Löwen in Leipzig zu Beginn des 20. Jahrhunderts.

Stellen Sie sich vor, man könnte nicht nur Lebensmittel, sondern auch Erlebnisse in Einmachgläsern konservieren!

Doch das Weckglas wird mittlerweile sogar von Künstlern benutzt. Der Fotograf Falk von Traubenberg beispielsweise »weckt« Dias ein, um dadurch Erinnerungen für immer haltbar zu machen. Bei der Kunstnomadin Karin Milan sind es ehemalige Lieblingskleidungsstücke, die in die Einmachgläser wandern. »Wenn ich die Gläser dann irgendwann aufmache, erinnere ich mich besonders intensiv an meine damalige Identität« erklärt Milan. Die »Deutsche Welle« sinniert in einer Sendung zum Einkochen am Schluss: »Stellen Sie sich vor, man könnte nicht nur Lebensmittel, sondern auch Erlebnisse in Einmachgläsern konservieren!«

Darijana Hahn

Zähne zeigen ...

... und kräftig zubeißen konnten früher nur wenige. Gegen den »Zahnwurm«, den Verursacher der schmerzenden Gebissruinen, war kein Kraut gewachsen. Abhilfe brachte erst eine effektive Zahncreme, die für alle erschwinglich war.

Es war im Nachkriegsjahr 1949, als bei der Firma »Blendax« in Mainz die Apothekerin Hertha Hafer auftauchte. Ja, sie habe Karies, gestand die 36-Jährige, und sie habe da als Pharmazeutin an einem Zahnpflegemittelchen herumexperimentiert. Flugs zauberte die kleine Dame das Rezept für eine neue Zahnpasta aus ihrer Handtasche. Es war zugleich ein Erfolgsrezept für die Blendax-Werke, denn Hertha Hafer präsentierte die Urformel der »blend-a-med«-Zahncreme, die seit über 50 Jahren einer der meistverkauften Markenartikel im Bereich der Mundhygiene ist.

Da den Hindus der Mund als Tor zum Körper galt, achteten sie streng auf Sauberkeit. So putzte die Priesterkaste der Brahmanen vor Sonnenaufgang eine Stunde lang die Zähne und sprach dabei Gebete.

Die Zahncreme, die nach langen Testreihen 1951 auf den Markt kam, erfüllte als Erste einen medizinischen Anspruch und bot besten Karies- und Parodontoseschutz. 1932 hatten die Brüder Rudolf und Hermann Schneider in Mainz die Blendax-Werke gegründet, um preiswerte und wirkungsvolle Zahnpasta in die Münder zu bringen. Bis dahin waren Zahncremes teure, handgefertigte Einzelprodukte, erhältlich nur in Apotheken und Drogerien. Blendax wuchs rasch zum größten Zahncremehersteller Europas. Nach dem Zweiten Weltkrieg half der Erfindungsgeist Hertha Hafers dem fast zerstörten Werk wieder auf die Beine. Eingelegte Krötenschenkel, pulverisierte Krebsaugen, Wolfskot und was die Volksmedizin sonst an Zahnreinigungsmitteln geboten hatte, waren endgültig passé.

Mit Beschwörungsriten und Bürsten gegen Zahnwürmer

Zahnschmerzen plagten die Menschen seit Urgedenken, und ebenso alt sind ihre Bemühungen um Vorsorge. Doch solange die Ursache der Karies, die durch den Gärungsprozess von zucker- und stärkehaltigen Speiseresten auf der Zahnoberfläche entsteht, nicht bekannt war, konnte kein Mittel gegen die »Zahnfäule« gefunden werden. Auf einer altbabylonischen Tontafel aus der Zeit um 1800 v. Chr. wurde ein Wurm als Verursacher der Zahnmalaisen ausgemacht. Der Schlammwurm erkor sich mit Erlaubnis der Götter Anu, Samas und Ea das Innere des Zahnes zur Wohnung. »Aus dem Zahn will ich saugen sein Blut und vom Zahnfleisch aus das Mark kauen«, nahm sich der kleine Übeltäter vor. Bis weit ins 18. Jahrhundert hielt sich der Glaube, Würmer seien für stechenden Schmerz und hässliche Löcher in den Zähnen verantwortlich. Neben Beschwörungsriten, die den Wurm bannen sollten, wandte man einfach Formen der Zahnpflege an, so wie die alten Ägypter, die ihre Zähne allmorgendlich mit Natron ausspülten.

Eingelegte Krötenbeine, Krebsaugen-Pulver oder Wolfskot sollten den Zahnwurm besiegen.

In Kulturen, wo Sauberkeitsriten Bestandteile der Religion waren, schenkte man den Zähnen mehr Aufmerksamkeit. In Indien empfahlen das Gesetzbuch von Manu (600 v. Chr.) und die nach dem Arzt Susruta benannten medizinischen Texte (400 n. Chr.) die Reinigung der Zähne mit Bürste und Paste: Fasrig gekaute Zweige dienten als Zahnbürste, ein Gemisch aus Honig, Ingwer, Zimt, Salz, Muskatnuss und Sesamöl als Zahnpasta. Da den Hindus der Mund als Tor zum Körper galt, achteten sie streng auf Sauberkeit. So putzte die Priesterkaste der Brahmanen vor Sonnenaufgang eine Stunde lang die Zähne und sprach dabei Gebete. Auch im arabischen Kulturbereich war die Zahnpflege religiös motiviert. Zu den im Islam vorgeschriebenen fünf rituellen Waschungen am Tag gehörte jeweils auch das dreimalige Ausspülen des Mundes. Als Reinigungsgerät diente der *miswak*, meist ein Zweig des Arakbaumes oder eines anderen aromatischen Gehölzes. Der Zweig musste 24 Stunden im kalten Wasser liegen, bevor sich die Fasern lösten und pinselartig auffächerten. Viele archaische Gesellschaften kannten solche Naturzahnbürsten. Die chinesische Medizin entwickelte sie weiter. Anstelle der Hölzer und der weitverbreiteten Silberzahnstocher verwendete man im Reich der Mitte ab Ende des 15. Jahrhunderts Bürsten aus Schweineborsten. Zunächst wurden die Borsten pinselförmig an Bambusstöckchen oder Knochen befestigt, ab dem 17. Jahrhundert dann auf einem plattenförmigen Borstenträger – wie bis heute üblich.

Der Westen hinkte in der Zahnpflege hinterher. Die griechisch-römische Kultur hatte auf dem Sektor Mundhygiene keine wesentlichen Neuerungen beigetragen. Antike Autoren wie Ovid empfahlen das Abreiben der Beißer mit Myrrhe, Minzesaft, Bimsstein, zerriebenen Rosenblättern oder einem Stoffläppchen, zum Mundausspülen verwendete man klares Wasser, Wein und auch Urin, dessen Bestandteil Ammoniak reinigende Wirkung besaß. Nach wie vor sollten derlei Prozeduren den Zahnwurm vertreiben. Das ganze Mittelalter hindurch verhalf dieser Irrglaube den umherziehenden Zahnbrechern und Scharlatanen auf den Jahrmärkten zu guten Geschäften. Die leibfeindliche Einstellung der Kirche, die den Mönchen 1163 die Ausübung der Chirurgie verbot, trug nicht eben zur Hebung der medizinischen Fachdisziplin bei. Erst mit der Aufklärung verabschiedete sich die Wissenschaft vom Bild des Zahnwurms. So bemerkte der französische Chirurg Pierre Fauchard (1678–1761) treffend, er habe noch nie unter dem Mikroskop Zahnwürmer entdeckt. Sein zweibändiges Werk über Zahnmedizin wurde ein Meilenstein auf dem Weg zur modernen Zahnheilkunde, die sich allmählich als eigenständige Wissenschaft etablierte.

Da hilft nur regelmäßiges Putzen

Mit dem täglichen Zähneputzen lagen aber selbst fortschrittliche Zahnärzte noch lange im Widerstreit. Der preußische Hofzahnarzt Philipp Pfaff (1713–1766) etwa hielt den Gebrauch der Zahnbürste alle 14 Tage für vollkommen ausreichend, denn »durch das übertriebene fleißige Bürsten wird das Zahnfleisch gereitzet und locker gemacht. Mit der Zeit wird der Zahn vom Zahnfleisch entblößt«. Diese Meinung rührte nicht zuletzt von der schlechten Qualität der Reinigungsgeräte. Die Naturborsten speicherten Feuchtigkeit und boten idealen Nährboden für Bakterien und Pilze, die zu Entzündungen im Mundraum führten.

Die Erkenntnisse der Bakteriologie widerlegten die Wurmtheorie endgültig und identifizierten Karies als Folge des Wirkens von Milchsäure: Gegen die Säurebildung half nur regelmäßiges Putzen. 1874 wies der deutsche Zahnarzt Carl Erhardt in Hundeversuchen nach, dass Fluorid den Zahnschmelz kräftige. Reihenuntersuchungen an Schulkindern, die Trinkwasser mit erhöhtem Fluoridgehalt benutzten, bestätigten diese Theorie.

Antike Autoren wie Ovid empfahlen das Abreiben der Beißer mit Myrrhe, Minzesaft, Bimsstein, zerriebenen Rosenblättern oder einem Stoffläppchen.

Mit der Entwicklung fluoridhaltiger Zahnpasten und den ersten Nylonzahnbürsten in den USA (1938) waren dann die Grundlagen für eine effektive Zahnpflege geschaffen. Nun mussten nur noch die Menschen vom Zähneputzen überzeugt werden. Damals wie heute kein leichtes Unterfangen. Fachleute beklagen, dass die Deutschen mit einem Verbrauch von 2,2 Zahnbürsten pro Person und Jahr nicht gerade zu den putzfreudigsten Nationen der Welt gehören ...

Karin Schneider-Ferber

Zeitung

»Sekundenzeiger der Geschichte«

Innerhalb von Sekunden werden Nachrichten inzwischen über das Internet verbreitet, Satelliten schicken Bilder mit Lichtgeschwindigkeit rund um die Welt. Trotzdem, die Zeitung gehört für viele Menschen zum Frühstück wie Kaffee und Brötchen.

Schon in der Antike wurden Nachrichten schriftlich überliefert, an öffentlichen Plätzen laut vorgelesen und ausgehängt. Ein neuer Herrscher ließ Münzen mit seinem Porträt schlagen; auf den Rückseiten war Platz für einfache Nachrichten oder Parolen, mit denen er seine Taten im Reich verkünden konnte. Und die Menschen waren interessiert an diesen »Neuigkeiten«, auch wenn diese durchaus schon Monate alt sein konnten. Mit einer Zeitung hatte das aber noch nichts zu tun. Ebenso wenig das Nachrichtensystem, das im Mittelalter die großen Handelsfamilien eingerichtet hatten. Die Fugger z. B., jene berühmten Handelsherren aus Augsburg, ließen sich per Brief Neuigkeiten aus der ganzen Welt schicken, um mit ihrem Angebot darauf reagieren zu können.

Der Begriff Zeitung stammt von dem alten niederländischen Wort *Tiding* ab, das ursprünglich »Nachricht« oder »Neuigkeit« bedeutete. Nachrichten enthielten die Vorformen der heutigen Zeitungen, eben jene Händlerbriefe oder Flugblätter, auch. Ihnen aber fehlte das entscheidende Kriterium: Sie lagen nicht jeden Morgen auf dem Küchentisch.

Ihre regelmäßige Erscheinungsweise ist es, die eine Sammlung von Nachrichten zur Zeitung macht. Und deren Lektüre wissen 75 Prozent der Deutschen zu schätzen, die eines der rund 27,4 Millionen täglich erscheinenden Exemplare lesen. Mehr als eine halbe Stunde widmen sie der Zeitung pro Tag. Deren Glaubwürdigkeit ist höher als die von Fernsehen,

Radio oder gar Internet. Kein Wunder, ist die Zeitung doch schon über 400 Jahre alt. 1605 wandte sich der Buchbinder Johann Carolus mit der Bitte regelmäßig Nachrichten drucken zu dürfen an die freie Reichsstadt Straßburg. Bisher hatte er die Texte handschriftlich kopieren lassen, nun machte er Nägel mit Köpfen: Drei Druckmaschinen schaffte er für seine »Truckerey« an, noch bevor er die Erlaubnis zum Druck bekam. Er hatte Glück, der Rat genehmigte die »Relation«, so der Name von Carolus' wöchentlich erscheinenden Nachrichten. Nach heutigen Maßstäben hatte sie, abgesehen vom regelmäßigen Erscheinen, nicht viel mit einer Zeitung gemeinsam. Die Mitteilungen wurden so übernommen, wie sie eingereicht wurden. Eine journalistische Bearbeitung gab es ebenso wenig wie eine Gliederung oder Überschriften.

Vom Flugblatt zum Massenmedium

Die ersten Zeitungen, die schnell in verschiedensten Städten im ganzen Reich erschienen, waren zunächst noch an einen kleinen Leserkreis gerichtet. Vor allem am Hof interessierte man sich für die Neuigkeiten, aber auch Kleriker, Kaufleute und Kriegsherren lasen mit. Nach und nach entdeckten immer mehr Menschen das neue Medium für sich. Zwar konnte längst nicht jeder selbst lesen, aber am Stammtisch oder im Familienkreis wurden die Neuigkeiten verbreitet. So kam bereits 1650 in Leipzig die erste Tageszeitung auf den Markt. Da blieb es nicht aus, dass sich der Staat in die Verbreitung der Nachrichten einmischte und die Presse der Zensur unterwarf. »Intelligenzblätter« kamen heraus, deren Name sich vom lateinischen *intellegere* (= einsehen) ableitete und die das Anzeigenmonopol hatten. Verleger, die sich nicht an die staatlichen Regeln hielten, durften keine Anzeigen veröffentlichen und waren allein durch ihre wirtschaftlich schwache Lage keine Gefahr für die Herrschenden.

Mit den Karlsbader Beschlüssen wurde die Pressefreiheit 1819 stark eingeschränkt. Fürst von Metternich ließ in seinem Kampf gegen liberale und nationale Tendenzen die Presse rigoros zensieren. Aber der Siegeszug der Zeitung war nicht mehr aufzuhalten. Schon der amerikanische Präsident Thomas Jefferson (1801–1809) wusste: »Wo Pressefreiheit herrscht und jedermann lesen kann, da ist Sicherheit«. Und Friedrich Nietzsche meinte: »Die Deutschen haben das Pulver erfunden – alle Achtung! Aber sie haben es wieder gutgemacht: Sie erfanden die Presse.« Die Märzrevolution 1848 brachte nicht nur die erste Nationalversammlung in der Frankfurter Paulskirche, sondern auch die staatlich verbriefte Pressefreiheit.

Steil ging es um die Jahrhundertwende bergauf, am Ende der Weimarer Republik gab es schließlich 4275 verschiedene Tageszeitungen. Die Drucktechnik hatte große Fortschritte gemacht, Rotationsmaschinen erlaubten höhere Auflagen und eine bessere Qualität. Ressorts wurden gebildet, Bilder und später Fotos eingefügt. Nach dem Ende der Weimarer Republik ging auch an der Presse die Nazidiktatur nicht vorbei. Die Redaktionen wurden »gleichgeschaltet«, die eigene Meinung führte ins Gefängnis oder gar in den Tod. Nur ganz wenige Blätter konnten sich erlauben, zwischen den Zeilen einen kleinen Rest an Eigenständigkeit zu bewahren. Nach dem Krieg erlebten die Bürger der DDR ein ähnliches Bild, wenn auch mit anderen politischen Vorzeichen. Die Presse wurde, wie alles, von »der Partei« kontrolliert.

> *»Ich ziehe die Zeitungslektüre der Nachrichtenaufnahme am Computer vor, denn der Computer reagiert allergisch auf Vielfruchtmarmelade und verschütteten Milchkaffee.«*
>
> **Ernst Elitz, Intendant des Deutschlandradios**

In der Bundesrepublik hingegen versichert Artikel 5 des Grundgesetzes: »Die Pressefreiheit und die Freiheit der Berichterstattung durch Rundfunk und Film werden gewährleistet. Eine Zensur findet nicht statt.« Heute konkurrieren in Deutschland 347 Zeitungen um die Leser. Endgültig vorbei sind die Jahre, als die Zeitung noch als »Sekundenzeiger der Geschichte« (Arthur Schopenhauer, 1788–1860) galt. Radio, Fernsehen und Internet sind schneller, aber sie ergänzen die Tageszeitung bestenfalls, ersetzen werden sie sie kaum. Der Intendant des Deutschlandradios, Ernst Elitz, gibt zu: »Ich ziehe die Zeitungslektüre der Nachrichtenaufnahme am Computer vor, denn der Computer reagiert allergisch auf Vielfruchtmarmelade und verschütteten Milchkaffee.«

Christian Breuer

Literaturverzeichnis

Adam, Michael: *Krawatten & Fliegen gekonnt binden*. Mit Serviceteil zu Stil und Pflege, München 2004.

Allkemper, Gisela: *Der Weihnachtsteller*. Plätzchen, Lebkuchen & feines Gebäck, Münster 2002.

Battenfeld, Beate: *Kultstaubsauger »Kobold«*. Der mit der Trockenhaube, Berlin 1998.

Baumann, Margret (Hg.): *Mensch Telefon*. Aspekte telefonischer Kommunikation, Heidelberg 2000.

Berger, Beate: *Bikini – Eine Enthüllungsgeschichte*, Hamburg 2004.

Bodanis, David: *Das Universum des Lichts*. Von Edisons Traum bis zur Quantenstrahlung, Reinbek 2006.

Brenner, Wolfgang/Johannsen, Frank: *Alle lieben Billy*. Geschichten, Tips und Reportagen über unser Lieblings-Möbelhaus, Frankfurt/M. 1998.

Broesan, Günter W.: *1000 Feuerzeuge »Cigarette Lighters«*. Ein Stück Technik, das seine Zukunft schon hinter sich hat, Schallstadt 1995.

Chmelik, Katja: *Kulturgeschichten des Alltags*. Textsammlung, Frankfurt/M. 2002.

Crestin-Billet, Frédérique: *Korkenzieher*, Paris 2005.

Damm, Steffen/Siebenhaar, Klaus: *Ernst Litfaß und sein Erbe*. Eine Kulturgeschichte der Litfaßsäule, Berlin 2005.

Eckstein, Markus: *Eau de Cologne*. Auf den Spuren des berühmten Duftes, Köln 2006.

Gay, Jutta/Wilbrand, Christopher/Wilbrand, Alejandro: *Schokolade – ein Genuss*, 2. Aufl., München 2007.

Hawks, Tony: *Mit dem Kühlschrank durch Irland*, München 2007.

Holfelder, Moritz: *Das Buch vom Strandkorb*, Husum 1996.

Jäckel, Hartmut: *Menschen in Berlin*. Das letzte Telefonbuch der alten Reichshauptstadt 1941, 3. Aufl., München 2001.

Jörges, Christel: (Hg.), *Telefone 1864 bis heute*. Aus den Sammlungen der Museen für Kommunikation, Heidelberg 2001.

Komander, Gerhild H. M.: *1881. Berlins erstes Telefonbuch*, 2. kommentierte, überarb. Aufl., des Nachdrucks von 1881, Berlin 2006.

Loschek, Ingrid: *Reclams Mode- und Kostümlexikon*, 5. akt. und erw. Aufl., Stuttgart 2005.

Mihm, Andrea: *Packend ...* Eine Kulturgeschichte des Reisekoffers, Marburg 2001.

Pfeiffer, Günther: *100 Jahre Steiff Teddybären*. Das Original seit 1902, Königswinter 2001.

Schepers, Wolfgang/Schmitt, Peter: (Hg.), *Das Jahrhundert des Design*. Geschichte und Zukunft der Dinge, Frankfurt/M. 2000.

Schmidt, Doris: (Hg.), *Jeans – Karriere eines Kleidungsstückes*, Baltmannsweiler 2004.
Schneider, Martin: *Teflon, Post-it und Viagra*. Große Entdeckungen durch kleine Zufälle, Weinheim 2006.
Schuh, Bernd: Erfindungen. *Vom Faustkeil zum Internet*, 2. überarb. Aufl., Hildesheim 2003.
Schumacher, Olaf: *Die Goldbären in der Geschichte*. Haribo, frech – lustig – bärig gut, Bonn 2001.
Sievers, Christine/Schröder, Nicolaus: *Design des 20. Jahrhunderts*. Die Gestaltung der Moderne, Hildesheim 2001.
Stiegler, Theo: *Der Trabant wird 50!* In guten wie in schlechten Zeiten, Dresden 2007.
Timm, Werner: *Vom Badehemd zum Bikini*. Bademoden und Badeleben im Wandel der Zeiten, Husum 2000.
van Dulken, Stephen: *Das große Buch der Erfindungen*. 100 Ideen, die Geschichte machten, Frankfurt/M. 2006.
Vinçon, Hartmut: (Hg.), *Frank Wedekinds Maggi-Zeit*. Reklamen, Reiseberichte, Briefe, Darmstadt 1992.
Weck, J., GmbH u. Co KG: (Hg.), *WECK-Einkochbuch*. Anleitung zum richtigen und sicheren Einkochen, 12. Aufl., Wehr-Öflingen 2006.
Wolter, Gundula: *Hosen, weiblich*. Kulturgeschichte der Frauenhose, Marburg 1994.
Ein Verzeichnis aller Ausgben von G/Geschichte finden Sie unter:
www.g-geschichte.de – Archiv